彩图 1　黄金楝鸟瞰图

彩图 2　中红杨

彩图 3　金红杨

彩图 5　靓红杨

彩图 4　炫红杨

彩图 6　黄金刺槐

彩图 7　金叶水杉

彩图 8　金蝴蝶构树

彩图 9　金叶榆

彩图 10　红叶樱花

彩图 11　金叶复叶槭

彩图 12　花叶复叶槭

彩图 13　北京钓鱼台银杏大道

彩图 14　红叶石楠造型

彩图 15　南京中山陵景区悬铃木秋景

彩图 16　水杉秋景

彩图 17　三角枫秋季景观

彩图 18　五角枫秋季景观

彩图 19　栾树秋季景观

彩图 20　八达岭黄栌

彩图 21　用于组培快繁炼苗的智能温室

河南省"四优四化"科技支撑行动计划丛书

优质彩叶苗木标准化生产技术

主编　符真珠　王慧娟　张和臣

中原农民出版社
·郑州·

图书在版编目（CIP）数据

优质彩叶苗木标准化生产技术 / 符真珠，王慧娟，张和臣主编 —郑州：中原农民出版社，2021.11
（河南省“四优四化”科技支撑行动计划丛书）
ISBN 978-7-5542-2483-0

Ⅰ. ①优… Ⅱ. ①符… ②王… ③张… Ⅲ. ①苗木-栽培技术－标准化 Ⅳ. ①S723-65

中国版本图书馆CIP数据核字（2021）第217640号

优质彩叶苗木标准化生产技术
YOUZHICAIYEMIAOMUBIAOZHUNHUASHENGCHANJISHU

出 版 人：刘宏伟
策划编辑：段敬杰
责任编辑：苏国栋
责任校对：王艳红
责任印制：孙　瑞
装帧设计：杨　柳

出版发行：中原农民出版社
地址：郑州市郑东新区祥盛街 27 号　邮编：450016
电话：0371-65713859（发行部）　0371-65788652（天下农书第一编辑部）
经　销：全国新华书店
印　刷：新乡市豫北印务有限公司
开　本：787mm × 1092mm　1/16
印　张：7
插　页：4
字　数：121 千字
版　次：2021 年 11 月第 1 版
印　次：2021 年 11 月第 1 次印刷
定　价：40.00 元

目录

一、概述……1
（一）概念……1
（二）发展现状……2
（三）发展趋势……3
（四）提高生产效益的措施……5

二、圃地的建设……8
（一）圃地选址……8
（二）圃地规划……9
（三）整地……12

三、设施建造与配套设备……14
（一）钢架连栋温室……14
（二）钢架大棚……18
（三）日光温室……20

四、彩叶苗木新品种与种苗繁育技术……24
（一）彩叶苗木的分类……24
（二）优质彩叶苗木品种及繁育方式……25
（三）彩叶苗木繁育技术……38

五、苗圃生产管理……52
（一）环境控制……52

（二）水分管理 56
（三）施肥管理 58
（四）农药及植物生长调节剂的使用 60
（五）中耕除草 63
（六）整形修剪 63

六、病虫害绿色防控技术 67
（一）病虫害防治原则 67
（二）病虫害综合防治措施 68
（三）常见病害种类及防治 71
（四）常见虫害种类及防治 81

七、优质园林彩叶苗木的应用 90
（一）应用方式 90
（二）应用范围 92
（三）典型案例 103

一、概述

（一）概 念

1. 彩叶苗木的定义及呈色条件 从广义上来说，彩叶苗木是指在生长季节叶片可以较稳定地呈现非绿色的苗木。它们在生长季节或生长季节的某些阶段全部或部分叶片呈现黄色、红（紫）色、灰色、银白色或混合色等，具有较高的园林观赏价值。

彩叶苗木的呈色与组织发育年龄以及环境条件有密切关系。

1）组织发育年龄 一般来说，组织发育年龄小的部分，如幼梢及修剪后长出的二次枝等呈色明显，如金叶女贞春季萌发的新叶色彩鲜艳夺目，随着植株的生长，中下部叶片逐渐复绿。对这类彩叶植物来说，多次修剪对其呈色十分有利。

2）光照 光照是一个重要的影响因子。一些彩叶苗木光照越强，叶片色彩越鲜艳，如金叶女贞、紫叶小檗。一些彩叶苗木，叶色随光强的降低而逐渐复绿，如金叶连翘、金叶莸等。还有一些彩叶苗木的叶色随光强的增加而趋暗，早春色彩鲜艳，在夏季强光照射下，原有的鲜艳色彩明显变暗，如紫叶红栌、紫叶榛等。

3）温度和季节 一般来说，早春的低温环境下，叶片的色彩十分鲜艳；秋季，早晚温差大和干燥的气候使一些夏季复绿的叶片色彩甚至比春季更为鲜艳，如金叶风箱果，秋季叶色从绿色变为金色，与红色果实相互映衬，十分美丽。

2. 彩叶苗木优质的含义 优质，顾名思义就是质量优良。对于彩叶苗木而言，优质应包含以下几个方面的含义：

1）健康 优质的彩叶苗木应该是健康、生长势旺盛的植株。

2）美观 优质的彩叶苗木应该具有美观的树形，如乔木类苗木应该树干通直，分枝合理；灌木类苗木应该冠形丰满，生长茂盛；地被类苗木应该分枝数量多，具有良好的匍匐性等。

3）标准　根据树种用途的不同，彩叶苗木应达到统一的出圃标准；作为行道树的彩叶苗木要达到分枝高度、分枝数量基本一致；作为造型树的彩叶苗木应该修剪成统一规整的造型；作为绿篱的彩叶苗木应具有相同的高度和分枝。

3. 标准化生产　彩叶苗木的标准化生产就是指建立标准化苗圃，落实标准化生产技术规程，强化生产环节全程质量控制，生产出规格统一、质量优良的苗木产品。

我国绝大多数的苗木生产者是个体经营者，苗圃的生产经营完全依靠个人的意志来决定，苗木产品的生产方式和组织方式是无序、零散的，因此生产出来的苗木产品没有统一的标准。随着时代的进步，我国的现代化建设进程已进入了高质量发展阶段，园林绿化对于苗木的质量也提出了更高的要求。原始的生产状态已变得越来越不能适应生产力的发展，难以满足市场的需求。以雄安新区为例，其用苗的标准更加强调整齐划一、树冠的完整性和一致性，以及是不是原冠苗（“原冠苗”是相对“截干苗”而言的，是指符合树木自然生长状态的苗，原冠苗的核心要义是自然、健康）。因为只有这样高标准要求，才能营造出更加自然、协调、一致和高标准的景观效果，才能更好地发挥其生态效益和景观价值。

彩叶苗木标准化生产是大势所趋，不仅仅是苗木产品的标准化，更需要苗木生产流程和技术的全程标准化，否则达到完全意义上的产品标准化也是不可能实现的。

（二）发展现状

彩叶苗木是园林绿化的重要组成部分。彩叶苗木的叶片具有花朵一样绚丽的色彩，远比花朵持续的时间长，且易形成大面积的群体景观。彩叶苗木丰富多彩的叶片，可极大地丰富园林景观，在园林绿化中孤植、丛植、群植、片植皆可，季相变化明显，装饰性强。彩叶苗木的合理选择与应用，在增强景观效应的审美情趣中具有画龙点睛的作用。因此，近年来彩叶苗木在园林绿化中备受重视，应用也越来越广泛。

1. 国内外发展状况

1）发达国家发展状况　近百年来，发达国家在彩叶苗木品种的选育和栽培方面做了大量的工作，非常重视园林植物品种的收集、选择和培育，选育的彩叶苗木品种多达近千个。彩叶苗木已经作为一个与传统苗木品种不同的独立分支发展起来。

2）我国发展状况　我国虽然素有“世界园林之母”的美誉，但是在彩叶苗木方面的工作开始较晚，20 世纪 90 年代后期才逐渐开始重视彩叶苗木的引种和培育。我国近年来逐渐培育出黄金楝、金叶榆、红叶杨系列、金蝴蝶构树等性状优良的彩叶苗木品种。彩叶苗木作为园林植物品种的重要组成部分，目前整体发展尚属于起步阶段，尤其是在绿化工程中的应用比例非常低，远远没有走进大众的视野。

2. 存在问题　我国目前发展彩叶苗木主要存在以下几方面的问题：

1）引种存在误区　引种并不是简单的“买来即用”，而是一个非常严谨的过程，包括树种的选择、引种试验以及驯化培育措施等，需要对气候、土壤、生态条件等各项因素进行综合分析论证，考虑彩叶性状的稳定性，结合其经济价值和推广价值进行小面积试种，直至引进的树种可在当地进行推广应用。

2）缺乏具有自主知识产权的品种　具有自主知识产权的品种非常重要，只有培育自己的品种才能掌握主动权。近年来，我国逐渐重视彩叶苗木新品种的培育和品种保护，出现了金叶榆、红叶杨等取得新品种保护权的彩叶苗木新品种，但是目前只在小范围内得到发展和应用，还远没有达到规模化生产和应用。

3）标准化生产规模小　我国苗木生产量很大，但是标准化生产量很小。在苗木标准化生产方面，还处于初级阶段，彩叶苗木作为一类新的苗木种类则更是如此。在苗木市场上，苗木规格混乱，各个苗圃生产的园林苗木缺少统一的质量标准，不能达到整齐一致，从而导致后期的栽植、养护和管理需要投入更多的人力、物力和财力。由于没有明确统一的质量等级标准，在绿化工程实施的苗木定价、招标等各个环节带来不必要的矛盾。以上种种，都严重影响了彩叶苗木行业的健康发展，限制了苗农生产经营水平的提高。没有标准化的生产管理，更谈不上产出优质的彩叶苗木产品。因此，彩叶苗木的标准化生产迫在眉睫。

（三）发展趋势

1. 政策导向　随着我国园林绿化行业的蓬勃发展，以及人们欣赏水平的不断提高，绿化建设更加突出生态功能，营造自然的景观，加强色相和季相的变化，苗木在城市绿化中的应用将越来越多。彩叶苗木作为苗木产业的一部分，离不开整个绿化市场的大环境。

党的十八大提出“推进生态文明，建设美丽中国”，各级政府和部门对于环境保护、发展林业都很重视。发展彩叶苗木对于丰富城市树木品种，增添城市彩色景观都大有裨益。全国各地都掀起了绿化、彩化的高潮，如北京等地提出了绿化、美化、彩化的口号；浙江省对于苗木企业加快发展彩叶苗木采取了扶持措施。

党的十九大报告提出乡村振兴战略，对人们居住的生态环境提出了新的要求，为彩叶苗木的发展提供了新契机。将“绿水青山就是金山银山”写入报告和党章，将“生态文明建设”提升到了崭新的高度，这也意味着生态环保是未来十年内最具潜力的领域之一，苗木行业大有可为。

目前，全国已掀起建设森林城市、生态园林城市、美丽中国和绿色产业助民富的高潮。随着人们生活水平的不断提高，人们对美化城乡环境，体现城乡特色等方面有了新要求；彩化观念也在发生变化，由单一的绿色海洋渴望逐渐向四季交替变化的彩色世界转变，渴望彩叶苗木为祖国大地营造绚丽景观。

2. 发展潜力　当前苗木产业的发展外部条件依然优越，市场空前繁荣，潜力巨大。彩叶苗木作为新兴苗木品种的一部分，在市场的强大需求下，将会随之发展壮大，并取得越来越重要的地位。有专家预测，彩色苗木应该占到整个绿化苗木总量的15% ~ 20%，其中彩叶灌木将占到国内灌木类苗木的60%以上，国内园林绿化市场将从单纯的“绿化”迅速转向“彩化、美化、香化、净化”。

3. 发展趋势　彩叶苗木行业的发展空间巨大，前景广阔，不仅是当前市场的亮点，而且也将比传统品种更具有生命力。未来彩叶苗木将向以下几个方面发展：

1）彩叶苗木产品标准化　苗木的质量会直接影响到工程质量和景观效果。为了适应现代化园林工程的需求，苗圃需要把培养标准化高质量苗木作为当前育苗的重中之重来抓。从苗木品种选择到树冠大小，从嫁接部位到枝干分枝高度，从树形一致性到病虫害情况都要达到标准化，整齐划一。

2）苗圃发展规模化　近几年苗圃面积急速增加，但是其中个体苗圃所占比例较大。零星分散的经营模式不利于苗圃的发展。苗圃生产的产品必须形成一定的面积和规模，品种不要多，但主要品种在面积和数量上要占绝对优势。苗木生产商可联合起来形成专业合作社，统一经营管理。根据立地条件和市场需求，选择一种或几种有发展前景和地方特色的彩叶苗木，形成品牌，扩大市场占有率。

3）技术管理科学化　近年来苗木的组织培养（组培）、植物生长调节剂、全光雾嫩枝扦插技术、微生物菌肥等新方法、新技术、新产品在苗木生产中得到了愈来愈广泛的应用，大大提升了苗木产品的科技含量和质量水平。彩叶苗木苗圃的管理者要加强学习，将更多的新方法、新技术、新产品应用于彩叶苗木的标准化培育，使更多优质的彩叶苗木产品得到推广和应用。

总之，彩叶苗木生产企业要对生产经营的彩叶苗木品种进行慎重的选择和取舍，形成具有自身特色的品牌和拳头产品，这样有利于生产管理和市场营销，生产出高质量、规模化、标准化的有生命力的产品，减少苗木企业的恶性竞争，使其更好更快地发展壮大。

（四）提高生产效益的措施

彩叶苗木种类繁多，其生产效益与所选择的品种、种植面积、生长周期、苗木质量等息息相关。总体来讲，要想提高彩叶苗木的生产效益，应注意以下几个方面：

1. 形成品种（牌）特色　彩叶苗木苗圃要想在竞争中立于不败之地，必须具有自己的特色。在品种的选择上要综合考虑多方面的因素，力求新颖，且具有当地的地方特色；符合市场需求，适应性广泛；在具有稳定性和适应性的基础上特色突出，这样才能在苗木市场占有一席之地，如红叶樱花苗圃品种（图 1-1）。

图 1-1　红叶樱花

2. 增加投入，扩大规模　目前彩叶苗木的培育以小苗为主，且比较分散，品种多而杂乱，无法满足市场的需求。因此，彩叶苗木的培育要抓住生态文明建设和苗木产业快速发展的契机，对苗圃进行科学合理的定位，长期经营，统一管理，在主要品种的种植面积和数量上要占绝对优势，从而形成规模效益，如紫叶稠李规模化种植（图 1-2）。彩叶苗木培育周期长，见效慢，这就需要苗木企业加大投入用于新品种、新技术的引进和培育，抓住发展的良好机遇。

图 1-2　彩叶苗木品种（紫叶稠李）规模化种植

3. 提高质量，统一标准　彩叶苗木发展的初期，苗木生产者一味追求彩叶苗木数量和效益，对苗木质量注意不够，管理粗放，造成低质量苗木充斥市场。因此必须采取标准化管理，制定产前、产中、产后一系列标准，对各类苗木的质量要求、检验方法、验收规则、种苗繁育、栽培管理、病虫害防治、整形修剪及包装运输等方面进行规范，培育高品质、精品化彩叶苗木。苗木产品整齐划一，由低质数量型转向高质量效益型（图 1-3、图 1-4）。

图 1-3　彩叶苗木分枝点整齐划一

图 1-4　彩叶苗木嫁接高度一致

4. 提高产品的附加值　要想提高单位效益，就需要提高苗木的附加值。采取对苗木进行造型、培育大规格工程苗木、培育容器苗等措施来适应市场的需求，使苗圃收益达到最大化。彩叶苗木造型苗对苗木质量、造型技术要求较高，选择适宜的树种发展造型苗将会大大提高苗木产品的技术含量和附加值（图 1–5）；园林工程对大规格彩叶苗木的需求量较大，而现在苗圃生产的彩叶苗木种苗还是以小苗为主，大规格苗木存圃量不多，不能满足市场的需求；容器苗的种植、销售不受季节限制，栽植成活率远远高于地栽苗，将会是今后苗木市场发展的新趋势（图 1–6）。

图 1–5　彩叶苗木造型苗培育

图 1–6　彩叶苗木容器苗培育

二、圃地的建设

（一）圃地选址

圃地是彩叶苗木标准化生产的重要基础工作，对繁育的苗木数量、质量、销售等都有重要的影响。所以做好苗圃地的选择和建设工作，对于彩叶植物苗木的健康、可持续发展至关重要。

苗圃地建场选址时应注意以下问题：

1. 交通 苗圃地尽可能选择靠近公路、铁路、水路等交通便利的地方，便于种苗的调运，提高苗圃知名度。

2. 地形和土壤 地块地形不要太复杂，地势相对平缓开阔（图 2-1），避免坡度太大以及低洼的地块；土壤最好为微酸性至中性的沙壤土，多数彩叶苗木在微酸性土壤中生长良好，在碱性土壤中生长不良。地下水位不能过高，地下水位应在地表 3 米以下。

图 2-1 彩叶苗木圃地地势平坦

3. 灌溉与排水　在选址时一定要根据苗圃的地形考虑水源，能选择自流灌溉更好，必要时设置灌溉用压力水罐（图 2-2）。同时也要考虑多雨季节能排洪排水。

图 2-2　苗圃灌溉用压力水罐

4. 光照　苗木中阳性植物所占比例较大，因此必须选择向阳地块作苗圃。阴性植物可用不同遮光率的遮阳网以及其他遮阳措施满足植物的需要。若选择非向阳地块，阳性植物就很难满足需光量，对发展生产制约程度很大。

5. 空气　场址周围空间环境必须整洁清新，特别是有的苗木对空气中的氟、硫、灰尘等适应性差，生长不良，有的甚至不能存活。

（二）圃地规划

圃地应进行整体规划，能明确各种设施和功能区，利于生产流程各环节间的衔接和协调，从而节省各环节的成本，避免冲突，使苗圃的生产和经营活动能顺利进行。

1. 圃地规划应遵循的原则　圃地规划应遵循前瞻性、功效性、实用性和经济性的原则。

1）前瞻性　苗圃的各项建设要考虑到未来发展扩大的需要，各类建筑附近要留有扩建的余地，尤其是材料房、固定生产设施，如温室、荫棚、扦插床、展示花台架等附近，要结合短期苗木培养留下扩大余地。

2）功效性　各种专用房屋（间）、台架、设备的排列顺序要便于员工操作和物料的进出，互不干扰；充分考虑各个区域的实际需要，比如较大面积苗圃内修建几条农用车道或板车道（图 2-3），大面积的扦插区（2 亩以上，1 亩 =1/15 公顷）应布置供水管道和若干供水口，水源不便的苗圃地每隔 30 米建一个储水池等，利于减轻工作强度和提高工作效率。

图 2-3　苗圃道路

3）实用性　苗圃各类设施以服务生产和经营为目的，一般以满足当前需要、质和量适度来考虑设施的档次和容量。小型苗圃很多东西可因陋就简，或借用附近的公用设施，以实用为主。

4）经济性　在实用的前提下，考虑经济性，一些使用时间长、对苗木或材料作用大且关键的设施，如荫棚、材料房等还是要选用质量可靠、耐用的材料搭建，否则由此造成的损失远非节省的材料费可比。

2. 功能区的划分　苗圃的面积有大有小，功能区的面积主要根据苗圃的总面积和地形地势来决定。苗圃的功能区主要包括以下六个部分，见表 2-1。

表2-1　一般苗圃功能区的划分

名称	功能	要点	设施、设备
繁殖区	主要进行播种、扦插、嫁接等种苗繁殖工作	管理集约化程度最高，在各个功能区中所占面积最小，应该选择苗圃地中地势高燥、平坦、土质最好的地块	扦插池、荫棚、喷雾设备、小拱棚等
移栽区	主要用于繁殖区苗木成活后 1 ~ 2 年移栽进入移栽区	移栽区的位置应该靠近繁殖区，要根据苗木的大小和数量确定株行距	灌溉设备

续表

名称	功能	要点	设施、设备
大苗区	苗木从移栽区出来到出圃一直在大苗区生长	大苗区要求土层深厚，离道路较近，方便出圃	灌溉设备
母树区	主要是为了采集繁殖材料，如接穗、接芽、外植体等	母树区要求管理精良，保证树体健壮	灌溉设备
设施区	主要用于组培苗出瓶炼苗移栽的需要，也可进行扦插等其他工作	日光温室一般宽 10 米左右，长 60 米左右，以聚乙烯无滴膜作为覆盖材料。现代化温室面积应该在 5 000 米 ^{2} 以上才比较经济和便利，利于温室内环境的调控	日光温室、现代化的智能温室、荫棚等
非生产用区域的规划	主要包括道路、排灌设施、房屋建筑等生产所必要的辅助设施	道路可以根据苗圃大小分为 2 ~ 3 级，一般不超过苗圃地总面积的 7% ~ 10%；明渠灌排设施一般和道路相伴设立，有条件的地方可以采用喷灌、滴灌等方式进行灌溉；房屋主要包括办公室、农机具室、仓库、井房、职工休息室等，占地不应该超过苗圃总面积的 1% ~ 2%	

一般苗圃平面示意图如图 2-4 所示：

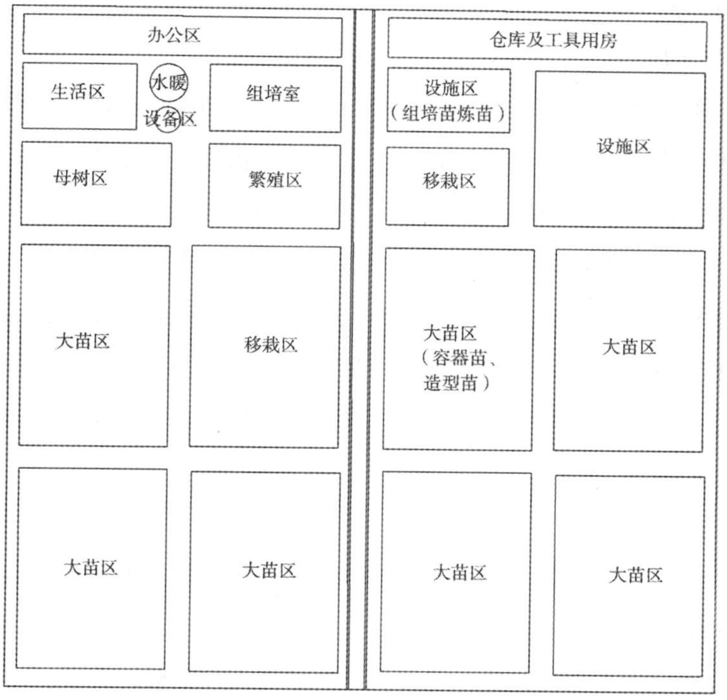

图 2-4　苗圃平面示意图

（三）整地

整地是苗圃地土壤管理的主要措施。通过整地可以翻动苗圃地表层土壤，深化土层，增加土壤孔隙度，从而增加土壤的通气透水性，提高蓄水保墒和抗旱防涝的功能；可以促进土壤微生物活动，加快土壤有机质的分解，为苗木的生长提供更多的养分；此外，冬季整地还可以冻垡、晒垡，促进土壤熟化，并可以冻杀虫卵和病菌孢子，减少苗圃病虫害的发生。

1. 整地的原则 整地要认真细致，耕地要深透，耙地要匀，防止重耕、漏耕。整地应遵循因地制宜的原则，根据不同的类型区别对待。

1）原有苗圃地 对于原有的苗圃地，应于秋季起苗后立即平整地面，进行深耕细耙，并做好苗床，以待到春天育苗。

2）农耕地改建苗圃地 对于原来是农耕地改建苗圃的，应于秋收后立即进行浅耕，待杂草种子发芽时，再行深耕，以消灭杂草，减少养分和水分的消耗。

3）生荒地 将生荒地新开垦为苗圃地，不仅要消灭杂草，清除草根和石砾，还应平整土地，加深土层，修好地埂，防止冲刷。对于长时间未耕作的撂荒地，应当先清除杂草，然后深翻细整，使地面平坦，土层加厚，更适合苗木生长。

2. 整地与土壤改良 整地还应与土壤改良相结合。

质地黏重的苗圃地，秋冬季整地应耕而不耙，以便冻垡、晒垡，促进风化。如能掺入适量的沙土或工业灰渣，将有助于改良其黏重性。过于松散的沙质土，其下层如有较厚的黏质间层，应行深翻，以增加表层的黏性。如果附近黏土丰富，也可适当掺加客土，掺黏改沙。山地苗圃应结合整地修筑梯田，平整地面，尽可能加厚土层，以利于保水、蓄水；并注意清理梯田内的石块、植物根系，扩大苗木根系的营养空间。低洼易涝、易碱的苗圃地，整地时要与修筑台田、开掘排水沟等工程措施结合，注意抬高地面和降低地下水位，深耕、细耙，降低土壤表面蒸发量，减轻地下水和盐碱的危害。

3. 整地方法

1）深翻耙平 深翻 20 ~ 30 厘米，翻耕时间要在 12 月底结束。深翻时，每亩施有机肥 3 000 ~ 4 000 千克，过磷酸钙 25 ~ 30 千克。深翻后在翌年春天的适耕期内耙平一次，做到地平土碎，混拌肥料，并清除砖石、草根。

2）整畦做垄 苗圃可以采用平畦或高垄栽培。繁殖区和移栽区最好做高垄栽培，苗木的光温等生长条件较好，有利于排水。大苗可以采用平畦或高垄栽培（图2-5、图2-6）。垄高、垄距以及畦宽应根据不同的苗木种类和规格来制定。

图2-5　高垄栽培

图2-6　平畦栽培

3）土壤封闭处理　做好畦垄后的苗圃地，在种植之前，可选用触杀性的除草剂，如乙氧氟草醚等，以土壤封闭方式进行处理，预防杂草发生。用喷雾法均匀喷洒土壤表面，一般选择16时后用药。施药后1个月至1.5个月不要松土，以保持毒土层的完整性，防止杂草长出。苗圃管理的其他时期，可以有针对性地选择不同类型的除草剂。

三、设施建造与配套设备

在优质彩叶苗木的标准化生产过程中，设施主要是用于苗木的扦插繁育、组培苗的炼苗移栽、容器苗以及小苗的培育等。

（一）钢架连栋温室

1. 构造及主要技术指标

1）构造　钢架连栋温室是以全钢骨架、覆盖薄膜为主要结构，屋顶以拱形为主（图 3-1）。主要骨架材料为热镀锌钢管，配套材料有一些标准件、连接件和土壤预埋件。北方地区多为双层充气膜，透光率（双层）75% 左右；南方地区多采用单层膜，透光（单层）80% 左右。塑料薄膜造价较低，项目前期投入较小，但是由于薄膜老化等原因，存在薄膜定期更换的问题，所以后期会有持续投入。

图 3-1　钢架连栋温室

2）主要技术指标　每跨宽度 8 米，4 米为一拱。除温室两端立杆间距 1 米外，其余立杆间距 2 米；温室拱膜选用厚度 0.08 毫米、防雾滴、耐老化的聚氯乙烯膜作为覆盖材料。

2. 配套设备

1）外遮阳系统　采用黑色 70% 遮阳率的遮阳网，传动系统采用减速电机（图 3-2）。

图 3-2　钢架连栋温室外遮阳系统

2）内遮阳系统　采用白色 60% 遮阳率、50% 节能率保温透气型遮阳网，传动系统采用减速电机。

3）内保温系统　一般采用在温室内加装一层塑料膜或者采用轻质防水棉组成的幕布来进行保温（图 3-3）。

图 3-3　内保温系统

4）湿帘风机系统　采用由波纹状的纤维纸黏接而成的湿帘沿温室跨度方向通

长布置；配套优质风机和离心泵（图 3-4）。

图 3-4　湿帘

5）通风系统　采用侧面或顶部通风系统，铝合金框材，手动放风或采用减速电机传动进行放风。

6）灌溉系统　可采用移动灌溉机（图 3-5）进行喷淋灌溉，也可根据需要进行手动灌溉。

图 3-5　移动喷灌

7）传感及控制系统　可在温室内设置传感器元件，组成物联网系统，手动控制或连接计算机进行自动化控制。

另外也可根据资金情况和实际需要配套加温设施。

3. 特点和应用

1）特点

（1）实用和便利兼顾　钢架连栋温室采用全钢骨架，雪载荷、风载荷较大，可实现大面积连栋，大幅提高土地利用效率。同时，内部立柱较少，方便种植布局或设计使用，操作便利。

（2）环境控制精准　可以通过配套计算机控制系统和物联网控制系统，温室内设置传感器，使得温室内温度、湿度、光照等环境参数均可及时被采集，控制系统协同设备进行操作控制，室内环境控制精准。

（3）大幅降低人工成本　便于实现机械化操作和自动化控制，可以有效降低人力成本，提高工作效率。

2）应用　利用钢架连栋大棚可以实现优质彩叶苗木的规模化扦插繁育、容器苗的培育以及组培苗的炼苗移栽等（图 3-6、图 3-7）。

图 3-6　钢架连栋温室用于彩叶苗木的扦插繁殖

图 3-7　钢架连栋温室用于彩叶苗木组培苗的炼苗移栽

4. 使用方法　钢架连栋温室应用广泛，通过配套系统可以实现对环境的精准控制。

1）温度管理　钢架连栋温室的温度管理主要是依靠内外遮阳、湿帘风机、通风等系统的联动来降低温室内的温度，通过内保温来提高温室内的温度。

2）湿度管理　主要通过湿帘风机系统和高压喷雾提高湿度，通过顶部及侧面的通风口通风来降低湿度。

3）自动化控制　通过传感及控制系统也可以进行自动化控制，由传感系统采集温室内各项环境指标，通过计算机设定自动控制湿帘风机、内保温、遮阳等系统，从而将温湿度控制在设定的范围内。

（二）钢架大棚

1. 构造及主要技术指标

1）构造　钢架大棚是指以钢架作为骨架（一般为拱形），四周表面覆盖透明塑料薄膜且内部无环境调控设备的单跨结构设施（图 3-8）。

2）主要技术指标　钢架大棚跨度一般为 8 ~ 12 米，高度 2.4 ~ 3.2 米，长度 40 ~ 60 米。用 1.2 ~ 1.5 毫米薄壁钢管制作成拱杆、拉杆、立杆（两端棚头用），钢管内外热浸镀锌以延长使用寿命。用卡具、套管连接棚杆组装成棚体，覆盖薄膜用卡膜槽固定。

图 3-8　钢架大棚

2. 配套设备

1）灌溉系统　可采用滴灌，也可配备喷雾系统用于灌溉和增加棚内湿度。

2）保温系统　主要是通过覆盖保温被进行保温。

3）遮阳系统　大棚的遮阳系统主要是遮阳网，通过手动操作。

4）放风系统　大棚的顶部和侧面可以设置放风口。

3. 特点及应用

1）特点　钢架大棚采用热浸镀锌的薄壁钢管为骨架组装而成，棚内空间较大，无立柱，具有质量轻、强度高、耐锈蚀、易于安装拆卸、坚固耐用的特点。充分利用太阳能，有一定的保温作用，并通过卷膜器能在一定范围调节钢架大棚内的温度和湿度。

2）应用　钢架大棚在我国北方地区主要是起到春提前、秋延后的保温栽培作用，以及部分苗木的越冬栽培；还可撤掉棚膜更换成遮阳网，可用于夏秋季节扦插苗、组培苗的培育，起到遮阴降温、防雨、防风、防雹的作用（图3-9）。

图3-9　钢架大棚覆盖遮阳网用于苗木的扦插繁殖

4. 使用方法

1）温度管理　塑料大棚没有固定的加温设备，可在内部增加一层薄膜（图3-10）或在外部加盖保温被进行保温；降低温度主要通过覆盖不同遮光率的遮阳网或是调整放风口的大小来调节，也可以通过喷雾装置在增加湿度的同时进行降温。

2）湿度控制　大棚密闭的情况下，棚内湿度较高，如需降低棚内湿度，可以调节顶部及侧面的放风口来通风透气，降低湿度。

图 3-10　钢架大棚覆盖双层薄膜用于冬季苗木的扦插繁殖

（三）日光温室

1. 构造及主要技术指标

1）构造　日光温室是由两侧山墙、后墙体、支撑骨架及覆盖材料组成（图 3-11）。日光温室是一种室内不加热的温室，北方地区非常常见。通过后墙体吸收太阳能实现蓄热、放热，维持室内一定的温度水平，以满足作物生长的需要。

图 3-11　日光温室

2）主要技术指标　日光温室整个棚面均选用钢架支撑，一般 3 ~ 3.5 米一架钢架，钢架上端通往后砌柱子与后墙相连。前坡面覆盖聚乙烯、聚氯乙烯薄膜。

2. 配套设备

1）保温系统　需要保温时，一般在夜间前坡面覆盖保温被来进行保温。

2）外遮阳系统　采用黑色 70% 遮阳率的遮阳网（图 3-12），传动系统采用减速电机。

图 3-12　遮阳网

3）湿帘风机　采用由波纹状的纤维纸黏接而成的湿帘（图 3-13），与风机（图 3-14）分别配置在温室两端，配套优质离心泵。

图 3-13　日光温室湿帘

图 3-14　日光温室风机

4）通风系统　一般在顶部和温室前坡面设置放风口进行通风（图 3-15、图 3-16）。

图 3-15　日光温室顶部放风口

图 3-16　日光温室前坡面放风口

5）灌溉系统　采用固定式灌溉或手动灌溉系统。

3. 特点及应用

1）特点　日光温室是采用较简易的设施，达到充分利用太阳能的目的，是我国独有的设施。日光温室的特点是保温好、投资低、节约能源，非常适合我国寒冷地区使用。

2）应用　日光温室可用于彩叶苗木的容器苗培育、调控育苗时间、加快种苗生长等方面的工作（图 3-17）。

图 3-17　日光温室用于金叶复叶槭容器苗的培育

4. 使用方法

1）温度管理　日光温室的保温主要通过覆盖草苫或保温被实现；通过调节顶部和前坡面的放风口、覆盖遮阳网或者湿帘风机系统来进行降温。

2）湿度管理　湿帘风机系统在降低温度的同时可以达到增加空气相对湿度的作用；同时也可以通过喷灌措施或者调整放风口的大小来调节日光温室内的空气相对湿度。

四、彩叶苗木新品种与种苗繁育技术

（一）彩叶苗木的分类

彩叶苗木是近年来园林美化应用的重要类型，可以丰富园林景观的色相变化，实现园林景观由绿化走向美化。彩叶苗木种类繁多，分类方法也较多，在实际应用中可根据苗木叶片呈现的颜色进行分类，也可以根据不同苗木的类型进行分类。从园林应用的角度可划分为以下三个类型：

1. 根据叶片颜色呈现的时期分类

1）常彩叶类　常彩叶类苗木主要指苗木叶片的颜色从幼龄期至衰老期其彩色始终存在，主要树种有红叶李、红叶樱花、紫叶稠李、紫叶矮樱、金叶榆、黄金楝、黄金刺槐等。

2）季相彩叶类　季相彩叶类苗木指叶片只是在生长期的某一阶段呈现彩色的苗木。一般发生在春季的幼叶或秋季的衰老叶片，主要是由于气温偏低，叶片中积累不同的色素（花青素或叶黄素等）造成的。在春季呈现红色的苗木主要有红叶石楠、鸡爪槭等。在秋季呈现红色的苗木有黄栌、五角枫、北美红枫等；呈现黄色的树种较多，一般树木在落叶前期都会呈现不同程度的黄色，呈色比较漂亮的苗木有银杏、悬铃木等。

2. 根据叶片呈现的颜色分类

1）黄叶类　包括黄色、橙色、棕色等黄色苗木系列，如黄金楝、金叶黄栌、金叶榆、金叶水杉等。

2）紫叶类　包括紫色、紫红色、棕红色、红色等不同苗木类型，如紫叶合欢、紫叶李、紫叶加拿大紫荆、紫叶矮樱等。

3）蓝叶类　包括蓝绿色、蓝灰色或蓝白色，如蓝冰柏、蓝色羊茅草等。

4）复合色类　叶片同时呈现两种或两种以上的颜色，包括粉绿相间或绿白、绿黄、绿红相间等，如粉叶复叶槭、梦幻彩楸、彩叶杞柳、花叶连翘等。

3. 根据苗木的类型分类　在园林中应用的彩叶苗木既有高大的乔木，也有低矮的灌木。

1）高大乔木　高大乔木树体高大，有明显的主干，适宜作为行道树、防护林等，如银杏、红枫、中红杨、黄金刺槐等。

2）小乔木　小乔木也有明显的主干，但树体不高，分枝点较低，一般作为非主干道的行道树、丛植、片植等应用，如红栌、黄栌、紫叶加拿大紫荆、红叶樱花等。

3）灌木　灌木则树形比较低矮，分枝较多，可以作为绿篱或成片栽植营造彩叶景观，如金叶连翘、金叶锦带、金叶接骨木等。

（二）优质彩叶苗木品种及繁育方式

1. 常彩叶类

1）黄金楝　黄金楝是良种名，品种权名为美人楝，是由河南中兴苗木股份有限公司和河南省农业科学院园艺研究所共同发现的一个优良乡土彩叶苗木，2017 年获得国家林业局植物新品种权。

黄金楝是苦楝的一个芽变品种，有以下几个特点：植株干性通直，树势挺拔，树冠呈圆形，雌雄同株；当年生枝条呈现黄绿色，密生白色皮孔；叶片为 2 回羽状复叶，小叶披针形，叶缘皱曲，隆起光滑，有光泽；在生长季幼叶呈现黄色，成熟叶呈现黄绿色的特征；花序与其母株一样，呈锥形、直立，花序梗为黄绿色，花淡紫色，萼片与花瓣各 5 片，有轻微芳香，花期为 4 月下旬。黄金楝从 2010 年发现至今，经过多次嫁接繁育，其后代叶色的表现在年度间及单株间均表现一致，稳定性好（图 4-1）。

当前，黄金楝的繁殖方法主要以嫁接为主，可选当年生苦楝进行低位嫁接或多年生苦楝进行高位嫁接。黄金楝无论嫩枝或硬枝扦插都不易成活；目前，组培快繁技术已经成熟，可以进行扩繁量产。

图 4-1　黄金楝鸟瞰图

2）红叶杨系列　红叶杨目前已经形成一系列品种，截至目前，已经发现了 5 个红叶杨芽变品种，即中红杨（品种权号“2006007”）、全红杨（品种权号“2011002”）、金红杨（品种权号“20150083”）、炫红杨（品种权号“20160153”）和靓红杨（品种权号“2016180”），实现了杨树叶片由单一绿色，组合成了紫红色、金黄色、鲜红色等色系。红叶杨由于是从美洲黑杨 2025 雄株中发现的芽变，因此在应用中不会出现飞絮污染的情况。

红叶杨各个品种其叶片在不同季节的表现形式和主要应用方式如下：

（1）中红杨　中红杨可生长为高大乔木，比中林 2025 速生杨生长速度稍弱，繁殖可以通过硬枝或嫩枝扦插，是景观绿化、造林绿化的优选树种。生长期间，其早春表现为鲜红色，进入夏季逐渐变成深绿色，秋天又逐渐表现为红色、黄色直至落叶（图 4-2）。

图 4-2　中红杨

（2）全红杨　全红杨是发现的第二代红叶杨，是从中红杨植株上发现的芽变品种，于 2010 年获得国家新品种权保护。全红杨在整个生长季叶片都表现为红色，春夏季为紫红色、深秋季节表现为鲜红色。全红杨是第一个实现了一年三季红色的杨树品种，观赏期可达6个月。全红杨由于叶片颜色出现了质的变化，花青素大量积累、叶绿素含量变少，其生长速度比中红杨明显偏弱。全红杨在繁育上主要通过扦插或嫁接进行。栽培应用上可以片植，作为景观色块进行布置。全红杨高接繁育的后代可以作为行道树树种。

（3）金红杨　金红杨在早春季节非常漂亮，色彩多变，叶片逐渐呈现鲜红色至橘红色、金黄色（图4-3）。夏季会出现不同程度的焦叶现象，为红叶杨系列的过渡品种。由于金红杨扦插成活率低，繁殖手段主要为嫁接繁殖；嫁接砧木最好选择生长相对较慢的中红杨或全红杨；若选择生长较快的杨树品种作为砧木，会造成接穗与砧木之间营养失衡，从而造成繁育的后代逐渐衰竭，直至死亡。

图4-3　金红杨

（4）炫红杨　炫红杨生长速度较金红杨快，叶片色彩靓丽，生长季节由鲜红色逐渐表现为橙红色及黄绿色（图4-4）。炫红杨在整个生长季的表现明显优于金红杨，在夏季不会出现焦叶现象，是金红杨的替代品种，主要通过扦插或嫁接进行繁殖。

图 4-4　炫红杨

（5）靓红杨　靓红杨是目前为止发现的叶色表现最为靓丽的一个杨树品种，也是最有潜力的一个红叶杨树种（图 4-5）。整个生长季叶片都呈色紫红色特征，夏季不出现焦叶；可以作为行道树种，亦可作为景观色块进行应用。该品种于 2016 年获得国家植物新品种权，为红叶杨的第五代品种，主要通过扦插或嫁接进行繁殖。

图 4-5　靓红杨

3）黄金刺槐　黄金刺槐来源于名品彩叶股份有限公司王华明 2008 年在一株五年生金叶刺槐母树上发现的一个芽，2013 年获得国家植物新品种权（图 4-6）。黄金刺槐的叶片在生长季表现为金黄色，不会出现返绿现象。由于黄金刺槐具有较强的适应性，因而黄金刺槐是将来景观绿化、生态护坡改造的一个优良树种。

图 4-6　黄金刺槐

黄金刺槐其繁殖方式主要是通过扦插或嫁接。

图 4-7　金叶水杉

4）金叶水杉　金叶水杉整个生长季都具有非常靓丽的金黄色树冠，叶片形如羽毛，在春、夏、秋三季都始终保持鲜靓的黄色，羽状复叶叶色稳定，无褪色现象（图 4-7）。金叶水杉的生长速度较快，适应范围较广，具有较强的耐寒性、耐热性等特点，属新优彩叶乔木品种，可以作为行道树栽培，亦可孤植作为景观点缀。

金叶水杉栽培容易，繁殖简单，可通过扦插、嫁接繁殖。

5）金蝴蝶构树　金蝴蝶构树为构树的芽变

品种，雌株，品种权属名品彩叶股份有限公司。该树种为落叶乔木，叶片卵形至广卵形，密生茸毛。春季叶片边缘为金黄色，中部斑驳状间带绿色，夏季叶片逐渐转为淡黄绿色，中部具有墨绿色彩色斑痕，秋季叶片边缘又转为橙黄色，中部为黄绿色（图 4-8）。该品种的球形葚果在成熟时表现为橙红色或鲜红色。由于其生长快、萌芽力和分蘖力强、耐修剪、对立地条件要求不严，适宜各种土壤，是盐碱地、坡地绿化的优选树种。但是由于其繁殖能力非常强盛，在应用时需要考虑立地性，以免对其他植物造成侵害。

金蝴蝶构树的繁殖方式以扦插、嫁接为主。

图 4-8　金蝴蝶构树

6）金叶榆　金叶榆是近年来发展非常成功的一个彩叶树种，2004 年由河北省林业科学研究院发现并繁育成功。叶片在生长季节表现为金黄色，叶缘具锯齿，叶尖渐尖，互生于枝条上（图 4-9）。由于金叶榆枝条密集，树冠丰满，并且非常耐修剪，已经广泛应用于道路、庭院及公园绿化。另外，由于金叶榆具有极强的适应性，在我国东北、西北的广大地区生长良好，同时有很强的抗盐碱性，在沿海地区也可应用，其应用区域北至黑龙江、内蒙古，东至长江以北的江淮平原，西至甘肃、青海、新疆，南至江苏、湖北，是我国彩叶树种中应用范围最广、最成功的一个。

金叶榆的繁殖手段主要通过扦插或嫁接进行。

图 4-9　金叶榆

7）红叶樱花　属于瑰丽樱花的一个变种，落叶小乔木。其叶片三季都呈现紫红色，早春展叶期间为深红色，5 ~ 7 月逐渐变为亮红色，老叶在暑夏为深紫色，秋天叶片逐渐变成橘红色。红叶樱花既能赏花又能观叶，是一个潜力很大的景观树种（图 4-10）。

图 4-10　红叶樱花

繁殖手段主要为嫩枝扦插和嫁接。由于红叶樱花的嫩枝扦插时间只能集中在5月中旬左右，所以红叶樱花在繁殖方式和繁殖速度上具有一定的局限性，这也是目前红叶樱花没有得到大面积应用的原因之一。

8）复叶槭类　常见的彩叶复叶槭类多为北美复叶槭的变种，目前栽培应用的有金叶复叶槭、花叶复叶槭、金边复叶槭等。

金叶复叶槭为高大乔木，春季呈现金黄色，夏季变为黄绿色，生长速度较快，是一种非常优良的行道树种（图4-11）。

图4-11　金叶复叶槭

花叶复叶槭相比金叶复叶槭植株低矮，小枝粗壮，叶片常呈现绿色带白色花边，幼叶有时带红，在种植上常与其他苗木搭配使用，亦可孤植（图4-12）。需要注意的是，复叶槭树种在应用的时候要注意防治虫害，天牛和白蛾是危害复叶槭的主要害虫。

复叶槭类的繁殖手段主要为嫩枝扦插和嫁接繁殖。

图 4-12　花叶复叶槭

2. 季相彩叶类　季相彩叶类苗木的叶片颜色变化主要是由于季节性变化引起的。一般在早春和晚秋，由于受到外部环境条件的影响，在每年出现彩叶的时间和表型不是很一致；即使同样的树种，其表现的叶色也会有所差异。如银杏、黄栌等植物，在我国北方地区，尤其是北京，其叶色在深秋时，银杏会呈现非常靓丽的金黄色，黄栌会呈现亮红色，因为这些植物的存在，香山、八达岭、钓鱼台银杏大道等已经成为我国欣赏彩叶景观最知名的地方之一；在平原地区，黄栌则很难统一呈现大面积的红色。

1）银杏　银杏为高大落叶乔木，雌雄异株。树冠圆锥形、树干通直而挺拔；一年生枝条为长枝、淡褐黄色；二年生以上枝条为灰色，并有细纵裂纹。银杏的叶互生，在长枝上散生，在短枝上簇生；有细长的叶柄，叶片呈现扇形，两面淡绿色，有多数叉状并列细脉。银杏的叶脉形式为“二歧状分叉叶脉”，长枝上常 2 裂，有时裂片再分裂，形如小伞，秋季落叶前呈现为金黄色，非常漂亮，是北方很多地方的秋季赏叶树种，如北京钓鱼台银杏大道（图 4-13）。

银杏的繁殖手段主要为种子繁殖。由于其生长速度较慢，苗圃种植主要为逐年间苗。应用上主要作为行道树栽植，或者集中栽植形成银杏林景观。

图 4-13　北京钓鱼台银杏大道

2）红叶石楠　红叶石楠因其新梢和嫩叶鲜红而得名，是近年来应用最成功的一种季相类彩叶苗木。其春秋季节叶片鲜艳夺目，观赏性极佳。红叶石楠生长速度较快，并且非常耐修剪，在景观应用上非常多元，可修剪成小乔木做成行道树，也可做成绿篱或修剪成各种造型（图 4-14），景观效果非常美丽。红叶石楠目前已经发展出多个品种，叶片颜色由深红至炫红，变化非常丰富。

红叶石楠繁殖容易，露地扦插即可繁殖，育苗成本低廉。

图 4-14　红叶石楠造型

3）悬铃木　世界分布共有 7 个悬铃木品种，我国未发现有原生悬铃木品种。我国常引种栽培的悬铃木树种主要是二球悬铃木和三球悬铃木。悬铃木枝条非常开展，冠大荫浓，树皮灰绿或灰白色，不规则片状剥落，剥落后呈粉绿色，光滑。悬铃木生长速度较快，树形非常雄伟，并且枝叶茂密、适应性较广，是城市景观绿化最常用的树种之一，被称为“世界行道树之王”。由于悬铃木树形气势磅礴，其叶片在秋季逐渐变黄，秋意甚浓。每逢 11 月，南京中山陵景区的悬铃木已经成为欣赏秋景的著名景观之一（图 4-15）。

图 4-15　南京中山陵景区悬铃木秋景

悬铃木的繁育手段主要为扦插繁殖或种子繁殖。值得注意的是由于成年后的悬铃木其种球脱落会造成一定的环境污染，在发展该树种时尽量选取少球种质繁育的后代。

4）水杉　水杉属高大乔木，与银杏一样，是世界上珍稀的孑遗植物树种，有活化石之称。水杉枝条斜展，小枝下垂，幼树树冠尖塔形，老树树冠广圆形，枝叶稀疏；一年生枝光滑无毛，幼时绿色，后逐渐变成淡褐色；二三年生枝条为淡褐灰色或褐灰色。水杉的叶片为条形，叶在侧生小枝上列成 2 列，羽状，非常飘逸、美丽；冬季与枝条一同脱落。

水杉对环境条件的适应性较强，耐低温、耐水湿，但喜光照、湿润气候环境，北至辽宁、南到广州各地均有栽培，园林绿化常作为行道树或者片植成林地。水杉秋季叶片逐渐变黄直至脱落，是欣赏秋季意境非常好的树种之一（图 4-16）。

水杉的繁育手段主要有种子繁殖和扦插繁殖。

图 4-16　水杉秋景

5）五角枫和三角枫　五角枫和三角枫都为槭树科树种，属落叶乔木，深根性，喜湿润肥沃土壤，从南到北分布很广。五角枫叶片常 5 裂，三角枫叶片常浅 3 裂；叶纸质，基部截形或近于心脏形，叶片的外貌近于椭圆形，叶形秀丽，嫩叶红色，入秋又变成橙黄或红色，可孤植作为园林绿化庭院树种，亦可作为行道树或景区大面积造林绿化树种。五角枫和三角枫的枝叶浓密，夏季浓荫覆地，入秋叶色变成暗红，是北方秋天重要的观叶树种（图 4-17、图 4-18）。

五角枫和三角枫主要通过种子播种进行育苗。

图 4-17　三角枫秋季景观

图 4-18　五角枫秋季景观

6）栾树　无患子科落叶乔木，较耐寒。夏季赏花、秋季赏果。由于栾树春季发芽较晚、秋季落叶早，因而每年的生长期较短，幼龄期生长相对较慢。栾树的叶片一般丛生于当年生枝条上，平展，叶子着生方式多样，常有一回、不完全二回或偶有二回羽状复叶。由于栾树落叶较早，黄里透红，是品味一叶知秋较好的树种（见图 4-19）。

栾树的繁育手段主要有种子繁殖或扦插繁殖。

图 4-19　栾树秋季景观

7）*黄栌*　落叶小乔木或灌木，树冠圆形，是我国重要的观赏红叶树种。叶片全缘或具齿，叶柄细，无托叶，叶倒卵形或卵圆形。在园林中适宜丛植于草坪、土丘或山坡，亦可混植于其他树群，也是良好的造林树种。黄栌的叶片秋季变红，鲜艳夺目，著名的北京香山红叶、八达岭红叶等景观的形成就源于该树种（图 4-20）。由于黄栌开花后，其长留不孕花的花梗呈粉红色羽毛状，在枝头会形成似云如雾的壮观景致，非常漂亮。

黄栌的繁育手段主要有压条、根插和分株。

图 4-20　八达岭黄栌

（三）彩叶苗木繁育技术

园林苗木的繁殖方式主要分为有性繁殖和无性繁殖：有性繁殖即种子繁殖；无性繁殖主要指嫁接、扦插和组培快繁等。对于常彩叶类苗木而言，由于种子繁殖的后代其观赏性状会出现分离，因此繁殖方式主要通过嫁接、扦插或组培快繁；季相彩叶植物根据苗木生长的特性，其繁殖方式可采用种子、扦插或嫁接。现就彩叶苗木主要繁育技术介绍如下：

1. 种子繁殖技术　播种是一种常用的苗木繁殖技术，即通过苗木结实后获得的种子进行育苗的技术，用种子繁殖所得到的苗木常被称为播种苗或实生苗，可用作季相彩叶树种的种苗繁殖，一些嫁接砧木的繁殖也常通过该方式进行。根据播种方式划分可分为条播、点播或撒播；根据播种季节的不同可分为秋播和春播。播种繁殖最大的优势为方法简单、速度较快、成本低廉；但是所繁殖出的种苗后代会出现性状分离，不够整齐，这既是播种育苗的缺点也是苗木新品种、新类型发现的主要措施之一，对苗木选育具有很大的现实意义。

1）种子处理　苗木种子必须在成熟后进行采集。采集后的种子有的可以直接播种进行繁殖，有的必须经过储藏的过程，然后进行播种。用作播种的种子必须是经过检验合格的种子，为了使种子发芽整齐，在播种前必须要经过精选、消毒和催芽等工作。

（1）种子的休眠特性　苗木种子之所以要经过催芽处理，源于苗木种子的休眠特性。具有休眠特性的种子播种前必须要经过催芽处理，才能使种子正常萌发。引起种子休眠的原因很多，种皮的透性、种胚发育的成熟程度及种子中的抑制成分都会使苗木种子处于休眠状态。具有休眠特性的种子必须经过一段时间放置或人工打破休眠才能促使种子进行正常萌发。

（2）种子催芽　人工打破休眠的过程即为催芽。苗木种子催芽的方法较多，在实际育苗生产中要根据不同树种的休眠特性选择催芽的方式。常用的催芽方式有层积催芽和浸种催芽。

☞层积催芽。将苗木种子与湿润物质进行混合或分层放置，促进种子达到发芽程度的方法称为层积催芽。根据种子层积催芽对温度的要求属性不同，又可分为低温层积催芽、变温层积催芽和高温层积催芽。在苗圃育苗中常用的主要是低温层积催芽方法，其主要原理是通过低温打破苗木种子的休眠，该方法可用于银杏、栾树等树种的种子育苗。

☞浸种催芽。浸种的主要目的是使种子吸水膨胀，促使种皮变软，从而有利于种子的萌发。根据浸种的方法可分为热水浸种、温水浸种和冷水浸种。该方法主要用于种皮相对坚硬、致密的种子，如苦楝种子、松柏类种子。浸种时间主要依据种子的致密坚硬程度，时间从几分至几天不等，以使种子的种皮松软为止。

2）播种时间　播种时间是苗木育苗能否成功的主要限制因素之一，直接影响到苗木的生长期、出圃时间及幼苗的成长状况。苗木种子播种时间的确定主要依据不同树种的生物学特性及当地气候特征而定。根据播种时间，可将苗木种子播种育苗分为春播、夏播、秋播和冬播。

（1）春播　春季是苗木种子的主要育苗季节，多数树种都可以在春季进行播种育苗。春播育苗具有气候适宜，利于种子萌发、出苗和生长；春播幼苗在出土后，气温逐渐增高，可避免低温对种子造成伤害。

（2）夏播　夏播主要是用于种子成熟后易失发芽力、不易储藏的苗木种子，如杨树、榆树、桑树等。夏季种子成熟后，随采随播，不经过休眠，种子的发芽率较高。夏季播种由于气温较高，土壤水分易蒸发，注意播后进行补充水分。另外，由于夏季杂草容易生长，需要及时进行中耕除草，以利于幼苗生长。

（3）秋播　秋季是苗木种子进行播种的一个非常好的季节，符合种子生长发育的自然规律。苗木种子在秋季进行播种后，在土壤中完成休眠、催芽的过程，翌年春天幼苗出土，比较整齐、健壮。秋播和夏播一样，一般随采随播。秋播育苗一般要坚持“宁晚勿早”的原则，防止种子秋发造成幼芽当年冬季受冻。

（4）冬播　主要是南方苗木种子的育苗时间，本质上是春播的提前育苗，也是秋播的延续。一些苗木的种子，如杉木、马尾松等在冬播可以使种子早发芽、扎根深，利于当年苗木幼苗的生长，促进苗木的生长量和成活率，提升种苗的抗逆能力。

3）播种方式

（1）种植密度　播种的密度要根据苗木的类型及环境条件决定。生长速度快、冠幅较大的树种一般播种密度要适当稀疏；圃地环境（土壤类型、水肥条件）较好的适当稀疏；反之要适当密播。根据播种密度确定播种量，播种量一定要适中，过大造成浪费，并且间苗费工；播种量太少，产苗量低，土地利用效率低，从而影响收益。

（2）播种方法　根据不同苗木种子的类型采取相适宜的播种方法，一般为条播、点播或撒播。

条播便于抚育管理，工作效率较高。条播的行距可宽可窄，原则是易于机械化管理，适宜苗木的生长特点。

点播是按照一定的株行距进行挖穴播种，一般适用于具有大粒种子的苗木，如银杏、核桃。种子萌发一般是胚根先长，后种皮脱落，子叶破土而出，因此播种时要正确放置种子的位置，尤其对于较大粒种子，以萌发孔平行于地表为宜，以利于种子能够正常快速发芽（图 4-21）。

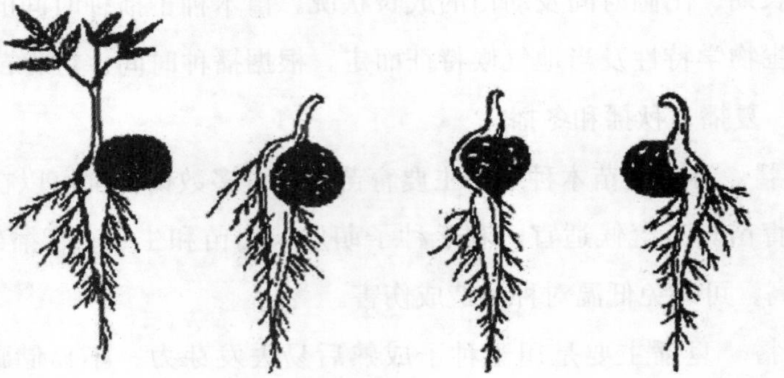

图 4-21　核桃不同摆放方式对萌发的影响

撒播。主要适用于小粒的种子。为了将种子撒播均匀，一般在操作时需借助沙子或其他介质进行。

4）播种后管理　苗木种子播种后立即进行覆土，以免播种沟内的土壤和种子干燥。覆土的厚度要根据树种的特性，一般原则是：大粒种子宜厚，小粒种子宜薄；子叶不出土的宜厚，子叶出土的宜薄，秋季宜厚，春季宜薄；还要考虑土壤质地、天气、气候等。覆土后根据不同种子的特性和播种季节可以适当覆上一层地膜或其他能够起到保墒作用的材料，如稻草、麦秆等。此外播种后还要根据土壤的水分状况和天气状况，适当浇水灌溉，以利于种子萌发和幼苗生长。

5）间苗和补苗　间苗又叫作疏苗，即将弱苗和播种密度过大的种苗间掉以利于种苗快速生长，主要目的是使种苗生长整齐，保证种苗的质量。间苗前要进行灌水使土壤松软，提高间苗效率。当种子发育不整齐时，则需要适当补苗以保证种苗整齐一致。

6）肥水管理

（1）水分管理　水分管理包括灌溉和排水两个方面。土壤水分在整个种子萌发和幼苗生长时期都起着非常重要的作用。干旱和水涝都会影响到种苗的生长发育，因此，在种子播种前搞好灌溉和排水工程尤为重要。主要措施为起垄防止涝害，做好滴灌或喷灌以利于种苗灌溉管理。喷灌时间适宜在早晨或傍晚，此时蒸发量少，水温和地温之间的差异也小，利于种苗对水分的吸收。排水系统应根据当地的降水量设计出水口的最大流量，出水口一般选择在苗圃内位置最低的位置。

（2）施肥　合理施肥对苗木的壮苗生长非常重要，主要分为基肥和追肥。基肥在播种前施好，然后深翻，以有机肥为主。追肥主要在种子发育成完整植株后进行，生长前期以氮肥为主，后期配合复合肥进行追施，以利于根系生长。根据苗子的生长状况进行合理施肥，以多次、少量为主，以免烧苗。

2. 嫁接繁育技术　嫁接技术是将具有优良性状的枝或芽接到另一植株的枝、干或根上，接口愈合后长成新植株（嫁接苗），从而繁育后代的一种技术。嫁接是园林苗木等最常用的繁育技术之一。

1）嫁接原理　用作嫁接的枝或芽称为接穗或接芽，承受接穗或接芽的枝、干或根称为砧木。嫁接后，砧木和接穗之间的接触面会首先形成颜色稍深的死细胞薄膜，然后两者之间的形成层加快分裂，并形成愈伤组织。愈伤组织的发生量突破死细胞薄膜后，两部分所产生的愈伤组织可相互连接；连接后的愈伤组织进而分化出木质部和韧皮部，并产生新的输导组织，从而将砧木和接穗连为一体，成为完整的嫁接苗。

嫁接育苗的主要优点表现在：一方面可以保持优良品种的性状不发生改变；另一方面，可以保持选用砧木所具有的抗旱、抗寒、耐盐碱等特性，使嫁接苗的抗逆性大大提高。砧木的来源可以是播种，也可以是扦插。

2）砧木与接穗的选择　砧木和接穗之间亲和力的大小是决定嫁接成活与否的关键因素，而亲和力的大小主要取决于砧木和接穗之间的亲缘关系。一般情况下，同种不同品种间的亲和力最高，其次为同属不同种，同科不同属之间的嫁接亲和力相对较低。

在砧木和接穗之间选择时还要考虑二者之间的生长速率，有的砧木和接穗嫁接成活后，其生长会表现出一定程度的不协调，如大脚现象（砧木加粗生长快而接穗加粗生长慢）、小脚现象（接穗加粗生长快而砧木加粗生长慢）等，这些都会影响嫁接苗的正常生长。

3）嫁接时期　嫁接时形成层必须处于活动时期才可以形成愈伤组织，所以嫁接时气温不能过低，一般要求气温应在 8℃以上。露地情况下，嫁接一般在春季萌芽前至秋季进行，具体嫁接时间要基于苗木的品种及选取嫁接的方式而定。

4）嫁接方式　嫁接方式根据接穗选取部位可分为枝接法和芽接法。

（1）枝接法　枝接一般在春季进行。早春树液开始流动而芽尚未萌发时即可进行枝接，河南地区一般在 3 月中旬至 5 月上旬。根据选取的接穗与砧木类型不同，又可分为以下几种方式：

切接法。接穗和砧木之间的粗度相当时可选择切接法（图 4-22）。选取的接穗具有 1 ~ 2 个芽，下端削成长短两个削面，长削面在顶部侧芽的同侧，在相对的一侧削一短削面，长 1 厘米左右。将砧木断面削平，于木质部的边缘向下直切，切口的长和宽与接穗的长面相当，将接穗插入切口，砧木和接穗的形成层对齐，削面稍露出 1 毫米左右，之后用塑料薄膜包覆。

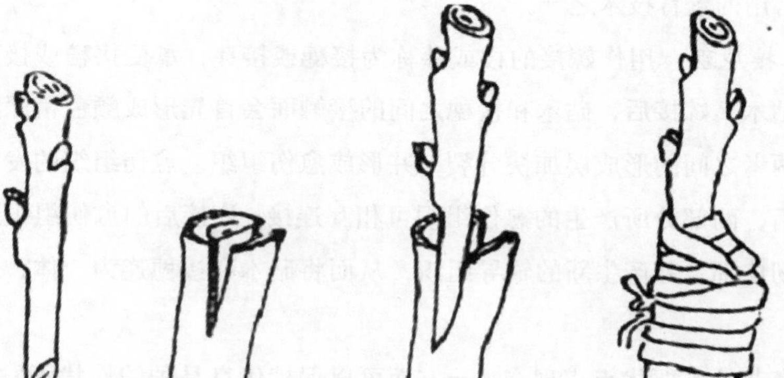

图 4-22　切接

劈接法。砧木较粗时常用劈接法（图 4-23）。在选取的接穗下部削成两个楔形削面，削面长 3 厘米左右，平滑整齐，一侧的皮层应较厚。削平砧木断面，用刀在砧木断面中心处垂直劈下，深度略长于接穗削面。将砧木切口撬开，把接穗插入，较厚的一侧应在外面，保证一侧的形成层对齐，削面上端微露 1 毫米，然后用塑料薄膜绑紧包严。

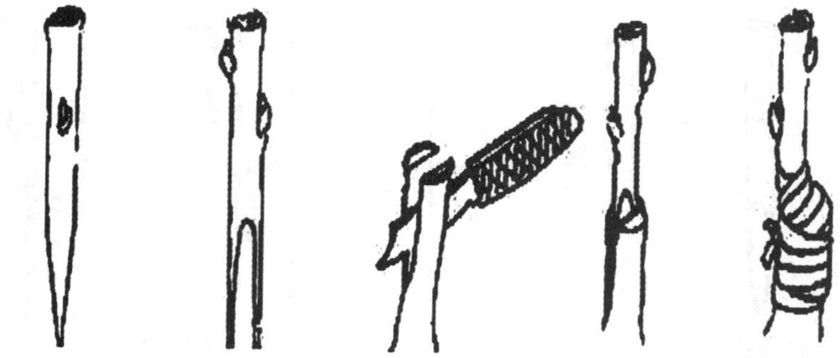

图 4-23　劈接

插皮接。一般情况下在砧木较粗、皮层较厚且易于离皮时采用插皮接（图 4-24）。接穗下端与顶端侧芽同侧削长 3 厘米左右的单面舌状削面，在其对面下部削去 0.2 ~ 0.3 厘米的皮层。砧木剪去上部，用与接穗切削面近似的竹签在形成层处垂直插下。取出竹签，插入削好的接穗，用塑料薄膜绑紧包严，以利于愈合。

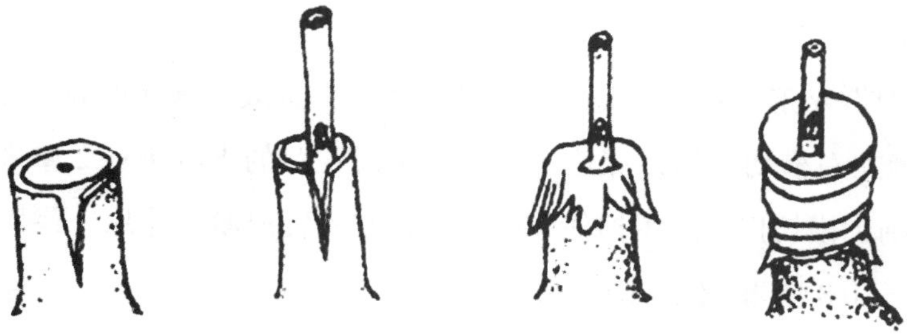

图 4-24　插皮接

腹接。腹接（图 4-25）有切腹接和插腹接两种。切腹接接穗基部削一长约 3 厘米的削面，在其对面削一长 1 ~ 1.5 厘米的短削面，长边厚而短面稍薄。砧木可不必剪断，选平滑处向下斜切一刀，切口与砧木约成 45° 角，切口不可超过砧木中心。将接穗插入，绑紧包严，接后可将砧木上部剪断。插腹接接穗的处理方法和切腹接相同，砧木上开一“T”字形切口，撬开皮层，插入接穗即可。两种方法插入接穗时，长削面都是朝里，贴近木质部。

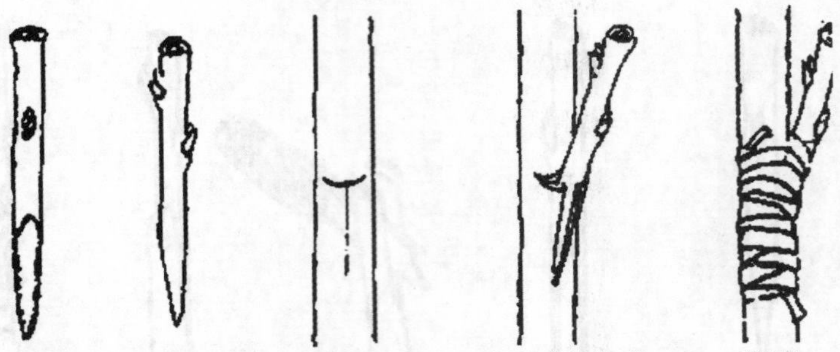

图 4-25　腹接

（2）芽接法　芽接法较枝接法省工、省材，嫁接作业期较长，是苗木繁育应用比较广泛的一种方法。芽接法使用一个芽即可作为繁殖材料，对接穗的利用比较经济，愈合也比较容易，结合牢固，成活率高。芽接一般在夏、秋两季进行，过早接芽易萌发，冬季由于幼嫩不充实而受伤；过晚不易离皮，取芽不易，砧木皮层也不易撬开，北方地区一般在 7 月中旬至 9 月上旬都可以进行。根据取芽的形状分为以下两种：

☛“T”字形芽接。在充实健壮的发育枝上选取饱满芽作为接芽。先在芽的上方 0.5 厘米左右横切一刀，深达木质部，然后在芽的下方 1 ~ 2 厘米处下刀，略倾斜向上推削到横切口，用手捏住芽的两侧，左右轻摇掰下芽片，芽片长 1.5 ~ 2.5 厘米，宽 0.6 ~ 0.8 厘米，不带木质部。在砧木的适当部位用刀开一“T”字形切口，长、宽与所取芽的大小相当。将切口两侧的皮层撬开，将芽片插入切口，用塑料薄膜绑缚包严，但接芽和叶柄要留在外边（图 4-26）。

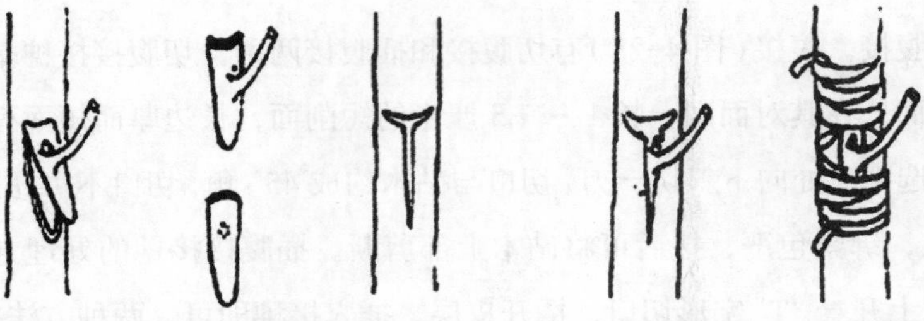

图 4-26　“T”字形芽接

☛片芽接也叫方块芽接。从接芽基部连皮切成一方块形状，使芽居于芽片中央，从接穗枝条上取下，砧木上切去与接芽相当的树皮，将芽片嵌入，绑缚妥当（图

4-27）。

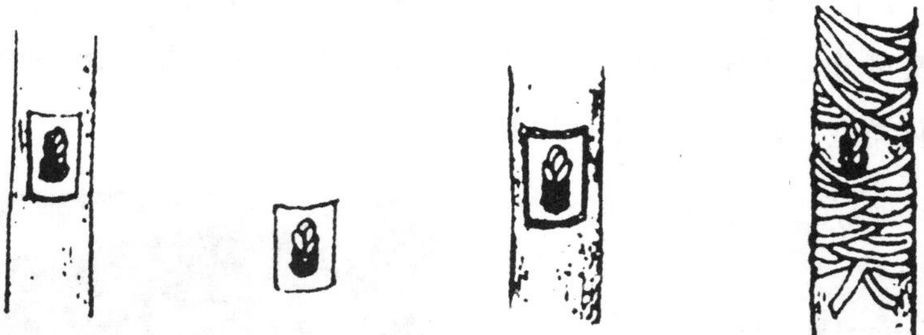

图 4-27　片芽接

5）嫁接后管理　嫁接后需要进行精细的管理以保证嫁接苗的成活，接后管理根据不同的时期主要包括检查成活、剪砧及去除萌蘖、解绑、施肥与病虫害防治等。

（1）检查成活　芽接后 15 ~ 20 天即可检查成活。用手轻触露在外面的叶柄，叶柄轻松脱落，则说明嫁接成活。枝接在接后 40 ~ 60 天检查成活，这时接穗上的芽开始萌动则说明嫁接成活。

（2）剪砧及去除萌蘖　及时去除砧木上萌蘖，保证接芽、接穗的营养供应。枝接成活的植株，待接穗生长旺盛后即可剪除砧木，以促接穗旺盛生长。

（3）解绑　接穗成活后，在接穗新梢长到 40 ~ 50 厘米时，解除接口的绑缚物，以免形成缢痕，影响苗木的正常生长发育。

（4）施肥与病虫害防治　嫁接苗长到一定程度时，应及时施肥（土壤施肥或叶面施肥）、灌水。前期以氮肥为主，后期少施氮肥，增施磷钾肥，以免造成后期徒长。在生长期，要及时防治各种病虫害。

3. 扦插育苗技术　扦插育苗是指采用植物的枝段、根段（称作插穗）或叶片用作繁殖材料，插入土、沙或其他基质中，直至生根完成，成为独立新植株的方法。

1）扦插育苗原理　植物器官具有再生的能力，即构成植物的各个组织细胞都具有全能性；任何植物组织，只要条件适合，其再生能力和细胞的全能性就会发生作用，分化出新的根、茎、叶，形成新的植株。

2）影响扦插成活的因素　在实际生产中，不同植物的再生能力有很大差异，有些植物很容易生根，有些很难生根，并不是所有植物的营养器官都可以很容易地形成新植株。同一种植物，母树的年龄、枝条的生长部位、生长状况等都会影响植株的再生。此外，植物能否生根与环境条件也有很大关系，季节、温度、湿度等都会影响扦插的成活率。

3）扦插育苗的方式　扦插育苗方式根据选取插条的部位可分为根插、枝插和叶插。枝插又可分为硬枝扦插（插穗已经木质化，如红叶杨，图 4-28）和嫩枝扦插（插穗为半木质化类型，如玫瑰，图 4-29）。

图 4-28　硬枝扦插（红叶杨）

图 4-29　嫩枝扦插（玫瑰）

4）扦插时间　一般情况下，植物扦插在 20 ~ 25℃条件下生根较快。温度过低生根慢，过高则易引起插穗切口腐烂。露地硬枝扦插一般在春季萌芽前，利用往年冬天储存的枝条进行。嫩枝扦插一般在 5 月下旬至 7 月中旬进行，主要利用当年生的半木质化枝条作为插穗。

5）扦插基质　扦插育苗要选择适宜植物生长发育的基质。有些植物在土壤中扦插就比较容易成活，要选择通气性比较好的沙土或沙壤土。对于那些不宜在土壤中扦插的植物可以选择河沙、蛭石、珍珠岩、草炭、腐熟的木屑、腐叶土等，根据一定的比例进行混合作为扦插基质。

（1）插床或插苗基质准备　硬枝扦插的土壤一般要用机械深翻整平，并做成垄畦以利于排水。苗床一般要整成宽 1.2 米、高 0.2 米、长 30 ~ 50 米的扦插床。各苗床之间留有宽 50 厘米、深 20 厘米的排水沟，插床四周用砖或板围出高 6 ~ 10 厘米的边沿，中间填满扦插基质。如果用渗透性不好的土壤扦插，下面最好增加 10 厘米的排水层，可用粒径 2 厘米左右的小石块铺成。扦插基质亦可混合后填充在营养钵、无纺布袋或者穴盘内。选择的扦插基质及苗床方式要根据苗木的类型、选择的插穗有针对性地进行选择。

（2）基质消毒　很多扦插基质，如草炭、河沙等都来自自然界，不可避免会有各种虫卵、病原菌等藏身其中，如果不做任何处理，苗木的病虫害就会比较重；如果感染了细菌性茎腐病害，防治十分困难。因此，为了得到高质量的扦插苗，必须做好基质的消毒工作。主要消毒方法有化学药剂消毒、太阳能消毒、蒸汽消毒、杀菌剂消毒等。生产上比较常用的是杀菌剂消毒，一般用 0.1% ～ 0.3% 高锰酸钾溶液或 80% 多菌灵可湿性粉剂 500 ～ 600 倍溶液喷透插床基质。扦插前再用清水喷洒洗去药液后进行扦插。

（3）插穗准备　冬季剪下的插穗最好沙藏，沙藏温度一般 5℃左右，第二年春天取出扦插；有些易生根的树种，可以直接用插穗扦插，如红叶杨系列。硬枝扦插是用木质化的枝条作插穗进行扦插。嫩枝扦插选择半木质化的无病虫害枝条，插穗一般长 10 厘米左右，两个芽点。嫩枝扦插插穗的叶片不能保留过多，一般保留顶部 1 ～ 2 片叶，为了减少蒸腾面积，叶片还可以各剪去一半。

（4）扦插　基质浇透水，扦插深度为 1 ～ 3 厘米。插穗用 50 ～ 200 毫克 / 升的萘乙酸、萘乙酸钠或商用的生根剂（粉）将基部浸泡或速蘸以促进生根。扦插密度小时，可适当延长留床时间，移栽成活率高。扦插密度大时，要及时移栽，以防根系相互纠结，移栽时伤根，从而降低移栽成活率。

（5）插后管理　根据植物生根的难易程度，扦插后选取不同的管理方式。一般情况下，插后及时用长 2.2 米的竹片支起半圆形拱棚或用地膜覆盖。再根据面积大小做一离地面高 2 米左右的遮阳网架，盖上透光率为 70% 左右的遮阳网，如拱棚内温度超过 30℃，必须再加一层遮阳网（上、下二层间隔 20 厘米），做到早盖晚揭。插穗生根达 80% 以上（春、夏季两个月左右，秋、冬季三四个月或更长）时，遮阳网逐步揭掉，并揭掉拱棚或地膜，当不盖遮阳网嫩梢不再弯头，叶片不再萎蔫时，可全部撤掉遮阳网。

一般在密闭的两个月中可用甲基硫菌灵、百菌清等药剂防治 1 ～ 2 次，如发现叶面有斑点、落叶现象，可增加次数，并适当增加药量。可在防病的同时添加磷酸二氢钾、尿素等进行叶面追肥，浓度不宜太高，一般在 0.2% ～ 0.3%。

4. 工厂化育苗技术　本书所指工厂化育苗技术指的是植物组织培养技术，也叫试管苗克隆技术，是将现代生物技术、环境调控技术、信息管理技术及肥水一体化技术等融合集成，贯穿到种苗生产整个过程的一种现代化、企业化的繁育技术。通过该技术可以实现种苗的专业化生产、规模化生产、集约化生产，是工厂化农业的重要组成部分。该技术在苗木繁育应用方面逐渐增多，在果树砧木脱毒育苗、楸树工厂育苗方面已经逐渐体现出了一定优势。

1）工厂化育苗技术的原理　工厂化育苗技术的原理基于植物细胞全能性。细胞全能性是指植物的各个细胞都具有该物种的全部遗传信息，从而具备发育成完整植株的遗传潜力。不同植物细胞的全能性能力不同，其高低与植物品种有关，与植物组织类型有关，也与细胞分化程度有关。一般来说细胞分化的程度越高，其全能性越低，组培成功的可能性越小。植物细胞全能性高于动物细胞，而生殖细胞全能性高于体细胞，幼嫩细胞的全能性高于衰老细胞。因此，组培快繁过程中一般都要经过细胞脱分化（愈伤组织发生）、分化成体胚并诱导成小植株的过程。通过工厂化育苗技术繁育得到的种苗其遗传特性一致、生长均一；另外由于各种病原菌经过脱毒，繁育出的种苗比播种苗、扦插苗及嫁接苗具有更加旺盛的生命力。

2）工厂化育苗所需设施设备　要实现植物的工厂化育苗生产需要具备一定的设施和设备，以保证整个育苗过程能够顺利实施。其基本要求如下：

（1）接种间、培养间及辅助设备　由于工厂化育苗过程要求较高，需要满足无菌条件，并且需要提供植物生长所必需的光照和温度，因此需要有满足植物组培快繁生产的接种间（图 4-30）和培养间（图 4-31），以及相配套的培养基制作、灭菌等需要的辅助设备。所需设备主要包括灭菌柜（锅）、接种台、培养架及温度和光照控制系统。目前，在培养基制备、分装、灭菌、培养基及瓶苗转运环节可以实现一定程度的自动化。

图 4-30　接种间

图 4-31　培养间

（2）温室　主要用于组培苗的炼苗移栽，为种苗提供可控的温度、光照和湿度环境。温室的种类很多，可分为玻璃温室和塑料温室、单栋温室和连栋温室，亦可分为智能温室和日光温室。可依据功能要求及具备的条件实力进行不同层级的建设。用于组培快繁炼苗移栽的温室，可简可繁，只要满足植物正常生长需要的温度、湿度和光照就可。冬季加温和保温一般通过电加热、水加热并配置保温层；夏季降温主要通过湿帘风机并配置遮阳网。一般炼苗移栽的温度以 18 ~ 25℃

较适宜，高于 25℃后其成活率会显著下降，主要原因在于高温会导致各种菌类的活动增强。用于组培苗炼苗移栽的智能温室，具备可移动苗床、控温的湿帘风机及加温设施（图 4-32）。

图 4-32　用于组培快繁炼苗的智能温室

（3）组培苗移栽场地　经过组培快繁获得的种苗由于其植株较小，移植到大田环境中需要精细化管理；必要时，从温室进入大田之前，需要进行二次炼苗，可在外部空间搭置透光率为 70% 左右的遮阳网进行炼苗 7 ～ 10 天，该操作在入夏以后非常必要，可大大提高组培苗进入大田后的成活率（图 4-33）。组培苗定植在大田之前，需要进行水网铺设，以利于前期肥水管理（图 4-34）。移栽的场地需要平整，一般进行起垄栽培，并覆上地膜以保墒和防草。

图 4-33　组培苗大田炼苗

图 4-34　组培苗大田定植

3）工厂化育苗方法和步骤

工厂化育苗（即组培快繁育苗）关键环节在于增殖群体和生根体系的建立，主要步骤有：外植体采集→启动培养→增殖培养→生根培养→炼苗移栽→出圃及定植。

（1）外植体采集及启动培养　组培快繁成功的首要条件是建立稳定的增殖群体，该过程是通过外植体灭菌后转入适宜的启动培养基，然后在增殖培养基中不断增殖完成。从植物细胞全能性上考虑，植物的任何组织都可以作为外植体进行采集，但是实际生产中外植体主要以半木质化的幼嫩茎段为好；已经完全木质化的茎段不易切割并且容易污染，太嫩的茎段灭菌容易致死。幼嫩茎段经过灭菌后，转入到启动培养基中，由芽点诱导产生的新的茎段或叶片用于后续增殖培养。

（2）增殖培养　随后将诱导产生的茎段或叶片进行增殖，该过程主要是将植物组织切割后产生伤口，其伤口经过培养基中添加的激素诱导，完成了细胞的脱分化过程，会诱导产生愈伤组织、胚状体或小植株。因此，该过程是工厂化育苗的关键环节，其诱导效率直接决定工厂化育苗的效率，进而影响育苗成本。诱导效率的差异主要源于激素和培养基的类型的配比。激素类型主要是生长素和细胞分裂素；常见的培养基主要有 MS 培养基、WPM 培养基等。增殖系数也不能过高，一般控制在 4 ～ 5 较好，过高繁殖后代容易出现变异，并且容易导致后续培养过程中种苗出现玻璃化、畸形等系列问题。该过程在培养间的时间一般为 40 ～ 60 天，过长会增加生产成本。

（3）生根培养　生根培养主要将增殖后代进行分割后接种到生根培养基上进行。与增殖培养类似，该过程的关键是获得生根培养基的配方。生根培养基配方的好坏以生根率及生根状态来判断。在种苗生产过程中，生根率需高于 80% 以上；新根以均匀、稳定、白嫩为好。生根时间一般为 20 ～ 30 天。

（4）炼苗移栽　增殖生根后的种苗由于在培养瓶中，瓶内无菌、高湿，必须让其逐渐适应外部环境。因此，先将生根后的瓶苗放置到温室内驯化 7 ～ 10 天，然后逐渐松开瓶盖，之后完全打开。将种苗用镊子轻轻从瓶中取出，用清水冲洗干净粘在根系上的培养基，然后栽植到基质内（基质以珍珠岩配合草炭 1∶3 为好，均匀拌好后用杀菌剂进行预先消毒）。栽好后将其放置在小拱棚中进行保温、保湿 10 ～ 14 天，然后逐渐揭开薄膜，让其逐渐适应温室环境，约 40 天后完成温室炼苗过程。炼苗过程中要注意喷水，根据苗子的生长状况喷施肥料 1 ～ 2 次。

（5）出圃及定植　种苗炼好后即可出圃进行大田定植。定植时间以 10 时前，16 时后为宜，以免幼苗脱水，影响成活率。夏季进行定植最好将种苗在遮阳网下进行二次炼苗（7 ～ 10 天），以适应外部高温、低湿环境。

另外，由于组培苗幼嫩，幼茎木质化程度较低，在定植前期一定注意满足其生长足够的水分。

五、苗圃生产管理

（一）环境控制

在彩叶苗木个体发育过程中，一般要经历种子休眠和萌发期（或胚胎期）、幼苗期、成熟期和衰老期，每个时期的生长发育除受本身遗传因子的影响外，还与外界环境因子密切相关。环境因子的变化直接影响彩叶苗木生长发育的进程和生长质量，因此，彩叶苗木设施生产的苗圃一定要严格控制好环境因素，尽量满足各生长阶段的不同需求，以提高苗木质量和观赏价值。环境因素有温度、光照、气体、湿度、土壤等，本节只涉及温度、光照、气体和湿度。

1. 温度 温度是植物生命活动的生存因子，影响彩叶苗木生长发育的整个过程和各个时期。不同彩叶苗木在不同生长阶段对温度的要求不同，一般幼苗期间要求较低的温度，到开花结实阶段逐渐要求较高的温度。原产热带的彩叶苗木，生长的最低温度一般为 18℃；原产亚热带的彩叶苗木，生长的最低温度一般为 15℃；原产温带的彩叶苗木，生长最适温度为 25 ~ 30℃，最低温度为 10℃。昼夜温差能够促进植物的生长发育，而不同气候型植物对昼夜温差的要求也不相同。一般对昼夜温差的要求，热带植物为 3 ~ 6℃，温带植物为 5 ~ 7℃。

温度对彩叶苗木的花芽分化有显著的影响，也是影响花芽分化最敏感的因子之一。植物的种类不同，对花芽分化要求的最适温度也明显不同。许多木本园林植物花芽分化在 6 ~ 8 月气温达 25℃以上时进行，入秋后进入休眠，需经过一定低温结束或打破休眠而开花。温带、寒温带及高山地区的一些花木，春、秋两季均在较低温度下花芽分化。因此，要根据不同彩叶植物的生物学特性，调控设施内温度，以满足不同类型彩叶苗木花芽分化期对温度的需求，否则，会直接影响彩叶苗木的发育进程。

设施生产中，为保证彩叶苗木周年能够正常生长，加快生长速度，冬季可用热风炉、电加热、发电厂热水等措施进行加热。夏季可采用自然通风、机械通风、湿帘－风机系统和喷雾系统进行降温。

2. 光照 光照是植物赖以生存的必要条件，是植物制造有机物的能量源泉，它对彩叶苗木生长的影响主要表现在三个方面，即光照强度、光照长度和光的组成。

1）光照强度 光照强度是指太阳光在植物表面的辐射强度，是决定光合作用强弱的重要因素之一。根据植物的需光量，可将植物分为阳性植物、中性植物和阴性植物。阳性植物喜强光，在庇荫环境下枝条纤细，节间伸长，生长缓慢，发育受阻，此类植物一般不宜在设施内生产。中性植物较喜光，稍能耐阴，一般季节能在全光照条件下生长，在夏季强光下需适当遮阴。阴性植物要求在适度阴蔽条件下方能生长良好，不能忍受强烈的直射光线，生长期间一般要求 50% ~ 80% 的庇荫条件，设施栽培中可通过遮阳网等措施给予适当遮阴，尤其是盛夏季节。而彩叶植物叶片之所以呈现彩色是由于其叶片内色素种类和比例发生了变化，其叶绿素含量相对较低，其光合能力一般较绿色植物低。不同彩叶植物对光照强度的反应不同，有些彩叶植物只有在较弱的散射光下才能表现出色彩斑斓，强光下则会使彩斑严重褪色，有些彩叶植物则需要强光，如紫叶小檗、紫叶矮樱等只有在全光下才能表现出其最佳的色彩。

同一种彩叶植物在不同生长发育阶段所需的光量也不同，如木本彩叶植物幼苗期和营养生长期能稍耐阴，成年期和生殖生长期需较强的光照，特别是在枝叶生长转向花芽分化期阶段，需要更充足的光照，此时如光照不足，花芽分化困难，不开花或开花少。有些彩叶植物由于栽培地点的改变，喜光性也会随之改变，如原产热带、亚热带的植物一般属阳性植物，但引种到北方后，夏季却不能在全光照条件下生长，需要适当遮阴。这是由于原产地雨水多，空气相对湿度大，光的透射能力较弱，光照强度比降水量少、空气干燥的北方要弱。因此在北方设施内生产南方的部分阳性植物时，应与中性植物一样对待。

近年来，北方的冬季常伴有雾霾，往往满足不了大部分彩叶苗木所需的最佳光照强度，因此可在设施内采用 HID 灯进行补光，增加光合速率，促进植物生长。

2）光照长度 光照长度是指白昼光照的持续时间，对植物的生殖生长起着决定性作用。地球上每日光照时间的长短随纬度、季节而不同。一日中昼夜长短的变化称为光周期。植物需要在一定的光照与黑暗交替的条件下才能开花。根据植物对光周期的反应和要求，可将植物分为三类。

（1）长日照植物　指在其生长过程中，要求日照12小时以上才能形成花芽。在日照短的情况下，只能进行营养生长而不能形成花芽。此类植物大多原产温带和寒带。

（2）短日照植物　指在其生长过程中，日照12小时以下才能形成花芽，需一定时间的连续黑暗；并且在一定范围内，黑暗时间越长，开花越早，否则便不开花或开花明显延迟。

（3）中日照植物　此类植物对日照长短不敏感，只要温度适合，生长正常，就能形成花芽开花。

长日照、短日照、中日照植物，在其花芽形成时都需要光照，一旦花芽形成，则对日照时间不再有反应。光周期现象在很大程度上与原产地所处的纬度有关，是植物在进化过程中对日照长短的适应性表现，也是决定其自然分布的因素之一。因此，在引种时，特别在引种以观花为主的彩叶植物时，必须考虑它对日照长短的反应，因为不同纬度地区，即使同一季节日照长短也可能有较大的差别，更要特别注意光周期对开花迟早的影响。

另外，在彩叶苗木生产上，可利用植物的光周期现象，通过人为控制光照和黑暗时间的长短，来达到提早或延迟开花的目的。要使长日照彩叶苗木冬季能显蕾开花，应在温室内用日光灯或白炽灯等人造光源，每天补充3小时以上的光照。相反，短日照彩叶苗木要延迟开花，可进行长日照处理，抑制花芽形成。

3）光的组成　地球上接收到的太阳光包括三部分，即可见光、红外线和紫外线，其波长为150～3 000纳米。红外线和紫外线都是人眼所看不见的，故称不可见光。可见光是人眼能看见的白光，其光谱波长为390～760纳米，是植物进行光合作用的能源。

白光是由红、橙、黄、绿、青、蓝、紫7色组成的光带。不同波长的光对彩叶苗木生长发育的作用不同。叶绿素吸收红光最强烈，其次是蓝紫光和黄橙光；红光、橙光有利于彩叶苗木碳水化合物的合成，加速长日照植物的生长，延迟短日照植物的发育；蓝紫光则相反。因此，生产上为培育优质的壮苗，可选用不同颜色的玻璃或塑料薄膜覆盖，人为地调节可见光成分。紫外线为波长短于390纳米的光谱部分，不仅能抑制茎的伸长和促进花青素的形成，还能促进种子发芽、果实成熟、杀死病菌孢子等。高山上的植物生长慢，植株矮小，而花朵的色彩比平地艳丽，热带植物花色浓艳就是因为紫外线较多。红外线为波长大于760纳米的光谱部分，它是一种热线，被地面吸收后转变为热能，能增高地温和气温，提供彩叶苗木生长所需要的热量。

3. 气体

1）二氧化碳　二氧化碳是植物进行光合作用合成有机物质的原料之一，在空气中的含量仅占0.03%。白天阳光充足时，植物的光合作用非常旺盛，如果设施内苗圃空气流通不畅，二氧化碳浓度就会低于植物光合作用所需的正常浓度。为了提高光合效率，提升产品数量和质量，在温室、大棚栽培条件下，要采取一定措施进行通风换气，适当增加设施内二氧化碳浓度。一般可通过顶窗通风、侧窗通风和顶侧窗通风等三种方式进行。顶窗开启方向有单向和双向两种。双向开窗可以更好地适应外界条件的变化，也可以较好地满足室内环境调控的要求。侧窗通风有转动式、卷帘式和移动式三种类型，玻璃温室多采用转动式和移动式，塑料薄膜温室多采用卷帘式。

2）氨　设施生产中常施用大量有机肥或无机肥，从而产生大量氨气。如果空气中氨含量过多，就会对彩叶苗木生长不利：当空气中氨含量达到0.1%～0.6%时就可发生叶缘烧伤现象；当含量达0.7%时，就会发生质壁分离现象减弱；含量若达到4%，植株经过24小时后，便会中毒死亡。最好在施肥后及时浇水，及时通风换气，以免产生氨害。

4. 湿度　为了满足彩叶苗木对湿度的要求，可在设施内地面、植物台、墙壁、盆壁上喷水，以增加水分的蒸发量。在现代化温室中，一般设有自动喷雾装置，可自动调节湿度。对于湿度要求较高的热带植物，可在室内设水池，以增加空气相对湿度。但温室内湿度过大，对彩叶苗木生长也不利，容易引发病虫害，因此可以利用通风、加温的方法降低湿度。

总而言之，温度、光照、气体、湿度条件等环境因素对彩叶苗木的呈色及生长有着很大的影响，在苗木生产上，对任何一方面的忽视都会造成不良后果。因此设施生产彩叶苗木，一定要严格控制好环境因素，避免不良环境条件对彩叶苗木的生长造成不利影响。

（二）水分管理

彩叶苗木和其他所有植物一样，整个生命过程都离不开水。水是植物各种器官的重要组成部分，也是植物生长发育过程中必不可少的物质。因此，依据彩叶苗木在一年中各个物候期的需水特点、气候特点和土壤的含水量等情况，采用适宜的水源和方式适时、适量灌溉和排水，是保证彩叶苗木正常生长发育的重要内容。通过科学的灌溉和排水，可以调节植株的生长发育，加快生长速度。

1. 灌溉

1）灌溉原则

（1）根据植物的不同特性　一般阴性植物需求的水分较多，阳性植物需水量相对较少；原产热带雨林的植物需水较多，原产大陆性气候地区的植物需水较少；观叶植物要求水分较多，观花、观果植物需水较少。

（2）根据植物不同生长阶段　植物在休眠期浇水量要减少或停止，从休眠转入生长期，浇水量要逐渐增加，生长旺盛时，浇水量要充足，开花前要适当控水，盛花期要保证水分供应，结实期浇水量适当减少。

（3）根据不同季节　彩叶苗木在不同的季节对水分的要求差异很大。春季天气较暖，浇水量要逐渐增加，草本植物 1 ~ 2 天浇水 1 次，木本植物 3 ~ 4 天浇水 1 次；秋季浇水量逐渐减少，2 ~ 3 天浇水 1 次；冬季低温温室内浇水宜少，中高温温室内浇水稍多。

2）灌溉时期和方式　灌溉时期主要根据植物各个物候期需水特点，区域环境变化特点，土壤水分变化规律以及彩叶苗木栽植的时间长短来确定。用于灌溉彩叶苗木的自来水应先储存在水池或储水罐内 1 ~ 2 天，以便水温达到和气温接近。

（1）春季　早春随气温的升高，植物进入新梢迅速生长期，此时北方一些地区干旱、少雨、多风，因此要及时进行灌溉。此时灌溉不仅能补充土壤中水分不足，使植物地上部分与地下部分的水分保持平衡，还能防止春寒及晚霜对植物造成的危害。

（2）夏季　夏季气温较高，植物生长处于旺盛期，需要消耗大量的水分和养分，因此应结合植物生长阶段的特点及本地同期的降水量，决定是否进行灌溉。对于一些进行花芽分化的花灌木要适当控水，以抑制枝叶生长，从而保证花芽的质量。

（3）秋季　秋季随气温的下降，彩叶苗木的生长逐渐减慢，要控制浇水以促进植物组织生长充实和枝梢充分木质化，加强抗寒锻炼。

（4）冬季　冬季北方地区严寒多风，为了防止植物受冻害或因植物过度失水而枯梢，在土壤冻结前应进行适当灌溉（俗称灌“冻水”）。随气温的下降土壤冻结，土壤中的水分结冰放出潜热从而使土壤温度、近地面的气温有所回升，植物的越冬能力也相应提高，灌溉应在中午前后进行。

3）灌水量　灌水量因树种、土质、气候及植株大小而异；耐旱的树种灌水量要少些；不耐旱的树种灌水量要多些，如水杉、池杉、柏类等。在盐碱土地区，灌水量一次不宜过多，灌水浸润土壤深度不要与地下水位相接，以防返碱和返盐。土壤质地轻、保水保肥力差的地区，也不宜大水灌溉，否则会造成土壤中的营养物质随重力水淋失，使土壤逐渐贫瘠。彩叶苗木的灌水量一般以能使水分浸润根系分布层为宜，以小水灌透的原则，使水分慢慢渗入土中。

4）灌溉注意事项　不论井水、河水、自来水与生活污水都可作为灌溉的水源，但必须保证对彩叶苗木无毒害作用；灌溉前应先松土，灌溉后待水分渗入土壤，土表层稍干时，进行松土保墒；夏季灌溉在早晚进行，冬季在中午前后为宜。

2. 排水　不同种类的彩叶苗木，其耐水力不同。土壤中水分过多会导致土壤缺氧，土壤中微生物的活动、有机物的分解、根系的呼吸作用都会受到影响，从而造成涝害，应立即进行排水。

1）排水原则

（1）因地因时制宜　不同地区、不同气候条件、不同时期对排水的要求不同。南北方降水量差异很大，即使同一地区，不同季节的降水量也不相同。彩叶苗木在不同生长阶段对水分的要求也不一样，营养生长期，需水量大；花芽分化期，需水量少。因此，排水应根据情况灵活掌握。

（2）因树制宜　不同的树种对排水的要求不同。一般阴性树种要求较高的空气相对湿度和土壤湿度，而热带树种长期生活在多雨的环境，形成了对空气和土壤中的水分要求较高的特性。阳性树种对水分要求相应较少。对不耐水湿的树种要采取高垄、高床栽植，避免积水。因此，排水必须根据树木的生态习性和耐涝能力来决定。

（3）因土壤而定　排水应根据土壤种类、质地、结构以及肥力等不同而有所区别。较黏重的土壤保水力强，在雨季来临前要清除排水沟中的杂草、杂物，保证排水通畅。

2）排水方式　排水方法主要有地表径流排水和沟道排水两种。

（1）地表径流　利用地面一定的坡度，保证暴雨时雨水从地面流入江河湖海，或从地下管道排走，这是大面积绿地，如草坪、花灌木丛常用的排水方法，省工、省钱。

（2）沟道排水　包括明沟排水和暗沟排水。在无法实施地表径流排水的绿地挖明沟，底坡度以0.1%～0.5%为宜，一般为暴雨后抢救性排水。暗沟排水是事先在地下埋设管道或修筑暗沟，将积水从沟内排走，暗沟排水不妨碍交通、节约用地、省劳力，但造价较高。

（三）施肥管理

1. 肥料施用的原则

1）根据树种的不同进行施肥　彩叶苗木种类繁多，不同的树种对肥料的需求也不尽相同。大致来讲分为两类：速生树种和慢生树种。速生树种，生长比较迅速，对肥料反应比较敏感，一般以氮肥、磷肥为主，后期增施钾肥，如杨树、法桐、国槐、栾树等；慢生树种，生长较慢，对肥料反应不明显，基肥以磷肥为主，追肥以氮肥为主，如银杏、丝棉木、水曲柳等。

2）根据苗木不同生长期的需要施肥　苗木生长期可以分为出苗期、幼苗期、速生期和木质化期。在出苗期，苗木营养主要依靠种子储存的营养物质；在幼苗期，苗木对氮和磷比较敏感，以氮肥为主，磷肥为辅，促进苗木和根系生长；在速生期，苗木生长最旺盛，对水肥的需求量很大，增加氮肥施肥量和次数，同时要施一定比例的磷、钾肥，促进氮的有效吸收；在木质化期，苗木地上部分和地下部分开始木质化，为了抑制苗木徒长，应停施氮肥，增施磷、钾肥，促进苗木充分木质化，提高抗性。

3）根据苗木的生长情况进行施肥　要根据苗木的叶片、叶色、节间以及生长速度等来正确判断苗木的长势，从而进行合理施肥。如果苗木长势较弱，要以速效氮肥为主；对生长过于旺盛的苗木，则应使用钾肥；对于表现出某种缺素症状的苗木，要及时对症施肥。

2. 施肥方式

1）基肥　基肥不仅可以持续供应苗木所需养料，还可以培肥和改良土壤。基肥以有机肥料、绿肥及其他缓释性肥料为主，有些为调节改良土壤的石灰、硫黄、结构改良剂等，一般也与基肥一同施入。对于闲置或起苗后的苗床，基肥通常采用撒施埋肥的方法；对于留床苗圃，一般采用行间开沟埋肥。

2）追肥　追肥是指在苗木生长发育期间使用的速效性肥料，可以及时满足苗木生长旺盛期对养分的大量需要。一般在生长旺盛期进行 2 ～ 3 次追肥。追肥的方法主要有：

（1）撒施　将肥料均匀撒在苗床表面，浅耙 1 ～ 2 次后盖土。

（2）条施　在苗木行间开沟，将肥料施入后盖土。

（3）浇灌　将肥料溶解于水中，全面浇在苗床或行间后盖土，也可以随灌溉水施入。现代化苗圃或容器苗苗圃灌溉采用滴灌，速溶性肥料一般随滴灌施入。

（4）喷施　将肥料溶于水中，配成浓度较低的肥液，喷洒于苗木叶片表面，一般在苗期使用，满足苗木急需补充的元素。

3. 常见肥料种类

1）速效肥料　主要成分易溶于水，容易被苗木吸收，肥效快。苗木常用的速效肥料有尿素、氯化铵、氯化钾、过磷酸钙等。

2）缓释肥　是一种通过养分的化学复合或物理作用，使其对作物的有效态养分随着时间而缓慢释放的化学肥料。缓释肥作为一种新型高效肥料，其释放缓慢，在满足苗木生长发育对养分需求的同时，又可提高肥料利用率且施用简便快捷，降低育苗成本。

3）有机肥及生物肥料　有机肥主要包括农家肥、绿肥等，需要经过土壤微生物分解才能被苗木吸收利用，肥效比较持久。生物肥是一种新型有机肥，以畜禽粪便、农作物秸秆、有机废弃物为原料，配以功能性生物菌剂加工而成，含有各种营养元素和丰富的有机质，既能壮苗抗病，又能改良土壤，同时又改善了大量使用化肥农药带来的环境污染和生态破坏等弊端。

4. 施肥方法　主要有根外施肥和叶面喷施。①根外施肥是把肥料配成一定浓度的溶液，浇在栽培基质中，通过根吸收达到施肥目的的施肥方法。化肥以浓度 0.1% 为宜，每周施用 1 次，最大浓度不超过 1%。有机肥按规定稀释倍数，每周 1 次。②叶面喷施一般是将肥料配成 0.1% ～ 1% 的溶液，喷洒在植株叶片上，通过叶面吸收来达到施肥目的的施肥方法。现代温室栽培中，常采用叶面喷施的施肥方法。

生产中常用肥料的施用方法及注意事项详见表 5-1。

表5-1 常用肥料肥效及施用方法

名称	肥效	施用方法	注意事项
碳酸氢铵	速效氮素肥	作基肥和追肥，深施并覆土	不能作种肥；不能与硝酸铵、过磷酸钙混合施用
尿素	缓效氮肥	作基肥和追肥，深施覆土并防止随水流失，在需肥期前4～8天施用	不能作种肥；不宜过多或过于集中施用
硝酸铵	速效氮肥	可作追肥	不能作基肥、种肥；不可与有机肥混合堆制
过磷酸钙	速效磷肥	既可以作基肥、追肥，又可以作种肥和根外追肥	不适宜作种肥，适宜施用于石灰性土壤；不适宜施用在南方红壤、砖红壤等酸性土壤上
硫酸钾	速溶钾肥	与农家肥、碱性磷肥和石灰配合，降低酸性；还应结合排水晒田措施，改善通气	过多施用会造成土壤板结，此时应重视增施农家肥
氯化钾	速效钾肥	可用作基肥和追肥	忌氯苗木禁用；在盐碱地不宜施用；在酸性土壤中施用，应配合使用有机肥料和石灰
磷酸二氢铵	缓效复合肥	多用于浸种和基肥	不要与碱性肥料混合使用

（四）农药及植物生长调节剂的使用

1. 农药使用

1）总体原则　设施栽培中，由于重茬、连作、空气相对湿度大等因素常常导致病虫害发生较重。因此，针对设施栽培中的病虫害，要始终坚持“以防为主，综合防治”的方针。病虫害发生之前，选用低毒、安全、有效的杀虫剂和杀菌剂进行适当喷施，预防病虫害的发生。同时加强田间管理，增强植株抵抗力，防止病害发生。一旦病虫害发生，首先，选用物理方法和生物方法进行防治，尽量不用、少用化学农药。其次，要积极开发和推广生物农药、高效低毒低残留农药和粉尘剂、烟雾剂等，将土壤消毒、种子处理、药剂喷雾、喷粉、熏烟等方法及温度、湿度调控的生态学手段有机结合起来，把病虫的防治手段提高到一个新水平，将病虫危害的损失控制在经济允许的范围以内，达到高产、优质、低成本、无污染的目的。

2）化学农药的使用原则　在必要时选择化学农药，要遵循以下原则：

（1）对症下药　园林苗木病虫害种类繁多，而且在不同的环境下，病虫害发生的程度也不尽相同，病虫害蔓延的情况也就不同。因此，在实际用药过程中，必须结合病虫害的实际情况，确定病虫害的发生规律以及危害程度，选择适宜的农药品种。

（2）适量配药　在配药过程中，必须要适量配药，配药浓度过高或者过低，都会对彩叶苗木造成不同程度的影响。配药浓度过高，不但不利于彩叶苗木的生长，而且严重时会发生药害，造成严重的经济损失。配药浓度过低，不但不能有效防治病虫害，甚至会增强有害生物的抗药性，影响后期的防治效果。因此，要严格根据农药的使用说明以及结合病虫害情况，适量用药。

（3）适时施药　依据病虫害的发生规律及不同发生期对农药的耐受力不同，来确定施药时期，已达到精准有效控制病虫害的目的。

（4）合理选用施药方法　①根据不同农药剂型采用不同施药方法：乳剂、可湿性粉剂、水剂等常用于喷雾；颗粒剂往往撒施或深层施药；粉剂则用于撒毒土。②内吸性强的药剂，可采用喷雾、泼浇、撒毒土法，触杀性药剂用于喷雾。③危害叶片的病虫，以喷雾为主；钻蛀性或危害作物基部的害虫，以撒毒土法或泼浇为主。④夜间危害的害虫，应在傍晚施药。

（5）合理轮换和混用农药　某一种病虫如果长期使用同一种农药防治，就会产生抗药性。轮换使用性能相似而不同品种的农药，则会提高农药的防治效果。农药的合理混用不仅可以提高防效，而且还可扩大防治对象，延缓病虫产生抗药性。

3）常用农药种类　根据农药的不同用途，生产中常用的农药主要有六类，见表5-2。

表5-2　常用农药种类

农药类型	常用种类
杀虫剂	敌敌畏、辛硫磷、溴氰菊酯、杀灭菊酯、吡虫啉
杀菌剂	波尔多液、代森锌、多菌灵、粉锈宁、克瘟灵
杀螨剂	哒螨灵、三氯杀螨醇、克螨特
除草剂	杀草丹、氟乐灵、绿麦隆
杀线虫剂	卤代烃类、二硫代氨基甲酸酯类、硫氰酯类、有机磷类
杀鼠剂	敌鼠钠、溴敌隆

2. 植物生长调节剂的应用 当设施内条件不适宜彩叶苗木生长时，可用植物生长调节剂来调节苗木的生长和发育，使其生长和发育朝着有利于生产的方向发展。

1）作用

（1）防止徒长 主要用于高温期育苗，当常规的栽培管理措施难以控制徒长时，用植物生长抑制剂喷洒或浇入土里，能够获得比较好的控制徒长效果。

（2）防止落花落果 受低温或高温的影响，以及由于缺乏授粉昆虫等原因，容易落花落果，需要用激素对花朵进行人工处理，防止脱落，提高坐果率。

（3）促进生根 主要用于枝条扦插繁殖，提高成活率。

（4）打破休眠 设施环境控制不当时容易造成苗木停止生长或休眠，此时可以适当使用赤霉素等激素，打破休眠，促进茎节伸长。

2）使用原则

（1）浓度适当 即便是作用相似的激素，使用浓度也往往是有差别的，要严格按照使用说明要求的浓度来配制药液。对促进生长的激素来讲，空气温度偏低时，药液的浓度应适当高一些；对于抑制生长的激素来讲，空气温度偏低时，药液的浓度就应低一些。

（2）药量适宜 植物激素是一种外在的植物生长调节剂，使用量过大或使用次数过多均会不同程度地对植物造成危害。

（3）与栽培措施相结合 激素处理应结合其他栽培措施结合进行。例如，要控制植株徒长，应在使用激素的同时，减少浇水量和氮肥的使用量，并加大通风量。

（4）激素的局限性 虽然激素能够在一定程度上调节彩叶苗木生长的快慢以及开花结果，但其只能够从外在起到一定的辅助作用，要从根本上调控植株的生长发育，只有依靠合理的栽培管理措施来实现。

3）常用植物生长调节剂 根据植物生长调节剂的调节机制及作用，可将植物生长调节剂分为三大类，详见表5-3。

表5-3 常见植物生长调节剂种类

植物生长调节剂类型	常用种类
植物生长促进剂	吲哚乙酸、吲哚丁酸、萘乙酸、赤霉酸、玉米素、激动素
植物生长延缓剂	脱落酸、乙烯利、矮壮素、多效唑、缩节胺
植物生长抑制剂	青鲜素、三碘苯甲酸、整形素

（五）中耕除草

1. 中耕　中耕是指在生长季节采用人工或机械造成土壤表层松动的耕作方法。中耕有以下几个优点：①可以疏松土壤，改善土壤通气状况，切断土壤表层的毛细管，减少土壤水分的蒸发，提高土壤湿度，促进肥料的分解，有利于根系生长。②可防止盐碱地的土壤返碱。③可以促进土壤微生物的活动，有利于难溶养分的分解，提高植物对土壤有效养分的利用率。

当土壤含水量为50%～60%时，花灌木一年内至少中耕1～2次，小乔木一年至少中耕1次，大乔木至少隔年中耕1次。松土的深度和范围应视植物种类及植物当时根系的生长状况而定，一般树木松土范围在树冠投影半径的1/2以外至树冠投影外1米以内的环状范围内，深度6～10厘米，对于灌木、草本植物，深度可在5厘米左右。夏季中耕同时结合除草一举两得，宜浅些；秋后中耕适宜深些，且结合施肥进行。

2. 除草　除草能有效地避免杂草与苗木竞争生长所需要的养料。在彩叶苗木生长发育的过程中，尤其是小苗培育阶段，杂草的存在可阻碍苗木进行正常的生命活动，同时传播各种病虫害。因此对园林绿地内的杂草要经常灭除，除草要本着"除早、除小、除了"的原则。一般用手拔除或用小铲、锄头除草，结合中耕也可除杂草。有条件的地区，可采取化学除草的方法。化学除草剂除草方便、经济、除净率高，但应慎重，先试验，再推广。

（六）整形修剪

整形修剪可以使彩叶苗木更加注重植物的美观性与观赏性，因此应定期对苗木进行修剪和整形。

1. 整形修剪的作用

1）对树木生长发育具有双重作用　修剪整形对整株植物来讲，既有促进作用也有抑制作用。修剪改善了树冠的光照和通风条件，提高了叶片的光合效能，从而加强了局部的生长势。但同时修剪也减少了部分枝条，树冠相对缩小，叶量和叶面积减少，光合作用产物减少，因此修剪使整个树体营养水平下降，产生抑制作用。

2）能促进开花结果　合理的整形修剪能调节树体的营养生长与生殖生长的平衡，修剪后枝芽数量减少，树体营养集中供给留下的枝条，新梢生长充实，并萌发更多的侧枝开花结果。

3）对树体内营养含量产生影响　修剪整形后，枝条的强度发生改变，是树体内营养物质含量变化的一种体现。短截后的枝条及其抽生的新梢，含氮量和含水量增加，碳水化合物相对减少。修剪后树体内的激素含量、活性也有所改变，激素产于植物顶端幼嫩组织中，由上往下运输，短剪除去了枝条的顶端，排除了激素对侧芽的抑制作用，促进了下部芽的萌芽力和成枝力。

2. 修剪时期　彩叶苗木修剪整形工作，贯穿于年生长周期和生命周期。对其修剪整形的时期，生产实践中应灵活掌握，但最佳时期的确定应至少满足两个条件：一是不影响彩叶苗木的正常生长，减少营养消耗，避免伤口感染；二是不影响开花结果，不破坏原有冠形，不降低其观赏价值。修剪时期一般都在植物的休眠期或缓慢生长期进行，以冬季和夏季修剪整形为主。

1）冬季修剪　由于各种树木的生物学特性不同，冬季修剪的具体时间并不完全一样。落叶树种自深秋落叶以后，到翌年早春萌芽之前，为冬季修剪时期；原产于北方的常绿针叶树种，则是从秋末新梢停止生长开始，到翌年春休眠芽萌动之前为冬季修剪时间。冬季修剪最好在早春萌芽前进行，以免造成剪口受冻抽干而留下枯桩。早春修剪的时间主要应根据树木的数量和修剪工作量的大小来决定。如果要在 10 天之内全部修剪完毕，就应当在萌芽前 10 多天开始动手，待修剪工作全部完成后，植株开始逐渐萌动，这时树体内的生理机能相当活跃，营养物质随着树液的流动大量向枝条顶端集中，因此伤口能够很快愈合。

2）夏季修剪　树木在生长期内萌芽、抽生新梢、长出新叶、开花坐果、花芽分化，并形成新的顶芽和腋芽，在此期间主干和各部位的枝条都在不断地加长和加粗生长，因此有很多修剪工作要做。夏季的修剪时间很长，应根据不同树种的生长和开花习性以及它们在园林中的用途来灵活掌握。在彩叶树木的生长旺季，要随时对生长过长的枝条进行短截，促使剪口下面的腋芽萌发而长出更多的侧枝来防止树冠中空。

3. 修剪方法

1）短截　剪掉或锯掉枝条的一部分叫作短截。由于短截的程度不同，又可分为轻剪（剪去一根枝条的 1/5 ～ 1/4）、中剪（剪去一根枝条的 1/3 ～ 1/2）和重剪（剪去一根枝条的 2/3 ～ 3/4）。在一般情况下，短截得越重，对剪口芽的刺激也就越大，萌发长出来的枝条也就越强壮；短截得越轻，对剪口芽的刺激越小，萌发长出来的枝条也就比较弱。根据以上表现，如果不是为了整形的需要来保持树冠上大型侧枝的长短一致，而是为了通过修剪来调整一二年生枝条的生长势，其修剪原则和整形时相反，对强枝要弱剪，对弱枝要强剪。

2）疏剪　把一根枝条从它的基部全部剪掉叫作疏剪。疏剪对剪口附近母枝上的腋芽没有明显的刺激作用，不会因疏剪而增加母枝上的分枝数量，只能使分枝数量减少。疏剪主要是疏去过密的内膛枝，为树冠创造良好的通风透光条件，以减少病虫害的发生。与此同时，还能减少全树芽的数量，防止新梢抽生过多而消耗营养，因此有利于花芽分化和开花。对一些枯老的残桩、受病虫害严重侵染的枝条、衰老的下垂枝、竞争枝、徒长枝和根蘖条等，都应当进行疏剪，否则会使树势衰退以至于迟迟不能形成完好的树冠。

3）环剥　在发育期，用刀在开花结果少的枝干或枝条基部适当部位剥去一定宽度的环状树皮，称为环剥。环剥深达木质部，剥皮宽度以 1 个月内剥皮伤口能愈合为限，一般为枝粗的 1/10 左右。由于环削中断了韧皮部的输导系统，可在一段时间内阻止枝梢碳水化合物向下输送，有利于环剥上方枝条营养物质的积累和花芽的形成，同时还可以促进剥口下部发枝。

4）刻伤　用刀在芽的上方横切并深达木质部，称为刻伤。刻伤因位置不同，所起作用不同。在春季植物未萌芽前，在芽上方刻伤，可暂时阻止部分根系储存的养分向枝顶回流，使位于刻伤口下方的芽获得较多的营养，有利于芽的萌发和抽新枝。对一些大型的名贵花木进行刻伤，可使花、果更加硕大。

5）扭梢与折梢　在生长季内，将生长过旺的枝条，特别是着生在枝背上的旺枝，在中上部将其扭曲下垂，称为扭梢。只将其折伤但不折断（只折断木质部），称为折梢。扭梢与折梢是伤骨不伤皮，其阻止了水分、养分向生长点输送，削弱枝条生长势，利于短花枝的形成。

6）长放又叫缓放、甩放　是利用单枝生长势逐年减弱的特点，对部分长势中等的枝条长放不剪，下部易发生中短枝，停止生长早，同化面积大，光合产物多，有利于花芽形成。幼树、旺树，常以长放缓和树势，促进提早开花、结果。长放用于中庸树、平生枝、斜生枝效果更好，但对幼树的骨干枝的延长枝、背生枝或徒长枝不能长放。

7）摘心　摘掉当年生新梢的生长点叫作摘心，这项工作多在夏季进行。摘心可以抑制枝条的加长生长，防止新梢无限地向前延长，有利于其木质化和提早形成腋芽。在花木的生长期间可以多次摘心。早期摘心后的枝条，腋芽形成比较早，这些早熟的腋芽大多能够在立秋前后萌发而形成二次枝，这些二次枝可以加快幼树树冠的形成。

六、病虫害绿色防控技术

随着全球气候变暖，生态环境恶化，植物病虫害成为威胁植物生存、生长的主要因素之一，几乎每一种园林植物都面临着病虫的危害。根据调查显示，我国园林植物病害共有 5 500 多种，虫害 8 260 多种。随着园林绿化面积的逐渐扩大，生态环境的变迁，害虫种类也在不断增多，除了本土病虫的危害外，入侵病虫的危害也十分严重。病虫害导致彩叶苗木生长不良、叶片残缺不全，或者出现坏死斑点（块），发生畸形、凋零、腐烂等，降低苗木质量，使之失去观赏价值和绿化效果，严重时引起整株或整片树木死亡，影响景观并造成重大经济损失。因此，为了能够保证我国生态环境得到更好的美化，促进彩叶苗木的健康生长，采取有效的措施防治病虫害已刻不容缓。

（一）病虫害防治原则

园林植物病虫害防治的总方针是“预防为主，综合防治”。由于园林植物的生长环境就是人们工作和生活的环境，一旦病虫害大发生，防治起来非常困难。“预防为主”就是将防治贯彻到园林设计、树种选配和养护管理等工作环节中，最大限度地利用各种自然防治因素，营造一个适宜植物生长而不利于病虫害发生的生态环境。“综合防治”就是要采取综合措施防治病虫害，积极开展园林防治、生物防治、机械和物理防治，合理使用化学农药，杜绝使用对环境污染严重、对人类危害大的剧毒农药。严禁运进的苗木带有病虫害。

1. 生态原则 病虫害的防治要以生态环境的可持续发展为出发点，防治过程中不仅要控制和消灭病虫害，而且要尽量避免对生态环境的破坏，要结合植物的生长情况，提高用药的安全性，减少植物用药对周围环境的影响，更好地体现园林的美观性，保证植物与生态环境之间的平衡。

2. 控制原则 在彩叶苗木病虫害的防治过程中，人为因素起到了很大的作用，要充分发挥人对大自然的控制能力，做到既能消除病虫害，又能最大限度地减少经济损失。

3. 综合原则 病虫害的问题关乎整个自然界。因此，对彩叶苗木病虫害的防治，要从整体的生态环境视角出发。首先，要对园林植物合理规划，其次，要进行科学的日常养护，以防为主，最大限度地降低病虫害的发生。

4. 客观原则 病虫害的发生不仅与植物易感性有关，也与植物生长的环境密切相关，因此，在防治病虫害时要根据当地的具体情况来制定相应的措施，因地制宜，切勿盲目治理。

5. 效益原则 彩叶苗木具有较高的观赏价值，通常集生态效益、社会效益和经济效益于一体。因此，病虫害防治时一定要充分考虑这三方面的效益，以此为出发点，制定合理的防治措施。

（二）病虫害综合防治措施

1. 植物检疫 为了美化环境，改善我们居住的生态条件，人们往往会从其他地区引进树木花卉，以增添当地园林绿化的色彩，提升园林绿化的档次。但一些病虫害往往可以借助人为因素进行传播，随着种子、果实、苗木、接穗、插条等，由一个国家或地区传到另一个国家或地区。由于原来制约这些病虫害发生、发展的一些环境因素被打破，条件适宜时，就会迅速扩展蔓延。例如，20 世纪初，椰心叶甲在海口首次发现后，以惊人的速度在海南省蔓延，之后又传入珠海、湛江、深圳、东莞等地，10 多万株棕榈科植物遭受严重危害，严重的导致成片死亡，使当地以棕榈科植物为主的南国园林景观受到极大的破坏。据相关统计数据分析，由于园林外来植物检疫不严格，病虫害发生的范围越来越广，园林植物的整体效益受到严重的影响。因此，在引进外来彩叶苗木的过程中，一定要严格按照国家颁布的植物检疫法规，由专门机构实施，禁止或限制危险性生物从外来地区传到本地，以确保园林植物的安全生产。

2. 合理种植，科学养护 通过改善彩叶苗木的栽培技术及科学的养护管理，改善彩叶苗木生长的环境条件，增强其对病虫害的抵抗能力，抑制病虫害发生的条件，从而达到以预防为主的防治原则，这种方法是预防彩叶苗木病虫害的最基本方法，也是最节约经济成本的方法。

1）做好彩叶苗木种植规划　园林绿化配置彩叶苗木时，不仅要考虑景观效果，而且要考虑病虫害之间的相互传染，避免人为地创造病虫害的发生与蔓延的机会。针对本地区发生频繁和严重的主要病害虫种类，减少其寄主植物的种植，多规划和栽植抗病虫或适应性强的彩叶苗木。配置植物时，应将乔、灌、草相结合，在园林中形成疏密有致和高低错落的复层植物群落，加强通风透光，有效阻止病虫害传播。

2）选育和推广抗性强的优良品种　不同树种、同一树种不同品种间对病虫害的抗性不同。目前国内外已选育出许多抗性强的植物品种，利用植物本身的特性去抵抗病虫害的发生是防治病虫害最有效、最经济的方法，可以达到事半功倍的效果。例如，丁香、杜仲等具有较强的病虫害抵抗能力，可作为城市的行道树。我国园林植物资源丰富，可通过系统选育、杂交育种、诱变育种、转基因等方法培育抗性强的彩叶苗木，以降低病虫害发生的概率。

3）加强栽培管理　根据当地环境、气候条件选择能够适应本地区种植的彩叶苗木，做到因地制宜，提升植物自身的抗病虫能力。通过中耕、除草、加强肥水管理、整形修剪等管理措施改善彩叶苗木的生长环境，使其健康茁壮成长，可以有效地减轻病虫害的发生。另外，要及时清除、销毁病虫害残体，改善园圃卫生，切断病虫传播来源。

3. 生物防治　生物防治是以有益生物及其生物的代谢产物控制病虫害的方法。生物防治法不仅可以改变生物群体组成成分，而且可以直接消灭病虫害，同时不会对生态环境造成破坏，对人畜、植物比较安全，对有些病虫害具有长期的控制作用。生物防治措施是防治病虫害最有效、最持久的方式。但生物防治法有时存在一定的局限性，不能完全替代其他防治方法，须与其他防治方法有机结合才能发挥理想效果。

1）利用生物信息素　生物信息素是一种只对特定对象有效的有某种生物分泌信息的化学物质，由昆虫内分泌器官分泌、能控制昆虫生长发育和繁殖的物质。通过人工合成这些激素，使其过量地作用于昆虫，能干扰昆虫正常的生长发育和繁殖，从而控制昆虫的种群数量。我们可以充分利用这种信息素，来对某种指定的虫害进行大规模灭杀。调查显示，全世界现在已经合成的昆虫信息素化合物已达到 1 000 多种。我国在这方面也取得了一些成绩，如园林植物中常见的棉铃虫、梨小食心虫等 20 多种昆虫的性信息素已经合成，并在园林植物病虫害防治中投入使用，取得了良好的成果。

2）利用害虫天敌　在生态环境中，害虫之间存在自然食物链的关系，因此，我们可以利用害虫生物天敌，降低有害生物的密度，保持生态平衡。为加快生物防治的效率，可人工繁殖并释放害虫天敌。自然界天敌昆虫的种类很多，可分捕食性天敌和寄生性天敌两类：捕食性天敌有瓢虫、草蛉、食蚜蝇、蚂蚁、胡蜂等；寄生性天敌有寄生蜂等。还有一些鸟类、爬行类、两栖类等动物也以害虫为食。例如，可以利用啄木鸟来防治光肩星天牛，利用蒙古光瓢虫防治松干蚧，利用寄生性天敌蒲螨控制隐蔽性害虫，利用肿腿蜂防治双条杉天牛、粗鞘双条杉天牛、青杨天牛，利用周氏啮小蜂防治美国白蛾，利用花角蚜小蜂防治松突圆蚧，利用天牛蛀姬蜂防治青杨天牛等。除人工释放外，在生产中应注意保护人工林的生态环境，合理利用农药，减少对天敌的伤害，创造有利于天敌栖息繁衍的环境条件，为天敌的繁殖创造条件，从而提高自然界各种天敌昆虫对害虫的控制作用。在"以虫治虫"的同时，首先，要选择合适的引虫方法；其次，要注意在引进害虫天敌的同时，也要注意害虫天敌的繁殖情况，避免发生另一场虫害；最后，就是要保证彩叶苗木生存环境的生态平衡。

3）*利用病原微生物* 利用某些细菌、真菌、病毒等微生物使昆虫生病并使之死亡，是一种非常有效的生物防治措施，自然界中的许多菌类能够有效地消除病虫害，如用白僵菌可防治松毛虫。我国的微生物制剂，特别是白僵菌的产量及应用面积均居世界前列。病原微生物也可用于病害防治，美国、澳大利亚等国在生产上已应用微生物商品制剂防治根癌病和根腐病。利用白粉寄生菌可控制白粉病、锈菌寄生菌可控制锈病的发展；利用大隔孢伏革菌防治松树白腐病等。在使用菌种消除病虫害的同时也应该注意因地制宜和因虫制宜，要根据不同的园林环境和不同种类的病虫害来选择使用的菌种，确保其不会产生其他方面的危害。

4）*利用生物农药和农用抗生素* 与化学农药相比，生物农药对园林植物生长速度的影响较小，具有良好的持久性，保证更好地消除彩叶苗木病虫害，同时也能保证用药安全，减小药物对生态环境的影响。农用抗生素是细菌、真菌和放线菌的代谢产物，通过人工生产，在较低的浓度下能抑制或消灭病原微生物及一些害虫，如阿维菌素、绿宝素、灭菌素、多抗霉素等。

4. 化学防治 采取化学药剂可以快速扑灭暴发性病虫害，有效降低感病指数和害虫密度，这是处置突发性病虫害或者大面积病虫灾害最简单快速的方法。化学防治是控制彩叶苗木病害发生和消灭虫源的主要措施。我国化学防治面积占整个森林病虫害防治面积的70%左右。在运用化学法杀灭病虫害时，应考虑到化学药剂的危害性，要科学地、合理地运用化学药剂，尽量应用低毒、高效、低残留农药，减少化学药品对生态环境以及人类造成的危害。国内常用的杀虫剂有阿维菌素、吡虫啉、氟虫腈、灭幼脲等；杀菌剂有五氯酚、甲醛、石硫合剂、波尔多液、有机硫、有机磷、有机氯、甲基硫菌灵、多菌灵、苯菌灵等。主要施药方法有喷雾、喷粉、熏蒸、拌种等。但如果药剂选择不当、配制不合理或药剂过期变质等都有可能造成药害。因此，在搞好预测预报的前提下，正确使用农药适时进行防治，一般可取得良好的防治效果。

5. 物理机械防治 利用各种简单的机械和物理因素来防治病虫害的方法称为物理机械法。这种方法既包括人工捕杀，也包括近代物理新技术的应用。可利用害虫趋光性的特点，设置黑光灯或高压灭虫灯诱杀害虫。还可采取超声波、原子能、激光、热处理、射线照射、高频电流等方法处理种子和插条，消灭病原物或害虫。例如，47 ~ 51℃温水浸泡泡桐种根 1 小时，可防治泡桐丛枝病。对在地下繁殖、休眠或越冬的害虫，可以采取土壤深翻的方式破坏其栖息环境，达到防治的目的。我国北方利用松毛虫越冬习性，在松毛虫春季上树前在树干上扎上塑料带，可阻止越冬幼虫上树，减轻其危害。

6. 加强预防监测 彩叶苗木病虫害防治是一项持续性工作，大多数病虫害每年都会发生。为了更好地把握每年病虫害的防治效果，以便给后期的防治提供参考依据，应采用先进互联网信息技术和大数据技术，建立植物病虫害记录档案，有效地进行病虫害预报，提高测报工作的科学性和准确性，制订合理的病虫害防治方案，使得病虫害防治信息化，实现预测预报智能化。建立病虫害监督检查机制，定期对彩叶苗木病虫害进行检查和防治。由于气候条件、植被生长状况、天敌和害虫种群数量等都是随着时间而变化的，因此，必须建立系统的动态的技术监控方案，以便确定在最佳时期采取最有利防控措施，以最小的投入换取最大的病虫害防治效果。

（三）常见病害种类及防治

根据引起的病因不同，彩叶苗木病害可分为非侵染性病害和侵染性病害：由气候、土壤或营养等非生物因素引起的病害称为非侵染性病害：由真菌、细菌、病毒、线虫和寄生性种子植物等生物因素引起的病害称为侵染性病害。侵染性病害和非侵染性病害虽然有着本质的区别，但二者常常相互联系，相互作用。彩叶植物在不良环境条件下往往生长势减弱，抗性降低，生物性病原物就容易侵入导致植物发病。病株往往吸收水分、养分的能力减弱，就会加重植物侵染性病害。

1. 非侵染性病害 由不适宜的环境因素引起，如空气中二氧化硫、乙烯、氯气等有害气体的污染及酸雨；土壤中铁、锌等微量元素的缺乏；水的渍涝等；有病原和寄主两个条件存在病害即可发生。这类病害没有传染性，因此称为非侵染性病害或生理性病害。

对于非侵染性病害，首先，要确定病害的种类及发病因素，然后，针对病因进行防治，对症下药。

1）缺素 根据症状表现，推断缺乏何种元素，即选用该元素配制成一定浓度的溶液，叶面喷洒或进行根外追肥，改善缺素症状。

2）土壤因素 增施腐熟有机肥，改良土壤理化性质。同时加强栽培管理，实行冬耕、晒土，促进土壤风化，发挥土壤潜在肥力。

3）大气污染 对大气污染引起的植物病害，要查清引起病害的污染物，消除污染源，对局部枝条采取修枝或移植，同时可栽植抗污染品种，如柳、夹竹桃、板栗、柑橘、枫杨等。

4）除草剂 对除草剂引起的药害，要及时施用解毒剂，如"天达2116"等喷雾，尽快解除药害。

5）干旱和渍涝 对于缺水或水分过多引起的病害，要及时进行保水和排涝，改善根系生长环境。

2. 侵染性病害 侵染性病害可以传染，故也称传染性病害。侵染性病害对彩叶苗木的破坏性极大，能快速地由病株传染到健康植株，引起健株发病，严重时可导致成片死亡，对彩叶苗木的观赏价值和经济价值造成严重影响。该类病害病原复杂，是彩叶苗木病害防治的重点。

1）叶斑病 此病害在园林植物中普遍发生，主要危害叶片和枝条，以菌丝体在植株病残体上越冬，分生孢子通过气流或枝叶接触进行传播，通过伤口和气孔等侵入寄主，潜育期一般10～20天。引起叶斑病的真菌多为半知菌和子囊菌亚门。病害发生后使彩叶苗木生长不良，失去其观赏价值和绿化效果，造成生态破坏和无法弥补的经济损失。

【危害症状】发病初期，叶片上出现近圆形褐色小病斑，常具轮纹，边缘外围呈黄色，后期扩大呈不规则红褐色大斑块，病斑上产生黑点（图6-1）。随着气温的逐步升高，病斑连接成片，最后造成整个叶片焦枯和脱落，枝条干枯。发病重时，整株成片死亡。

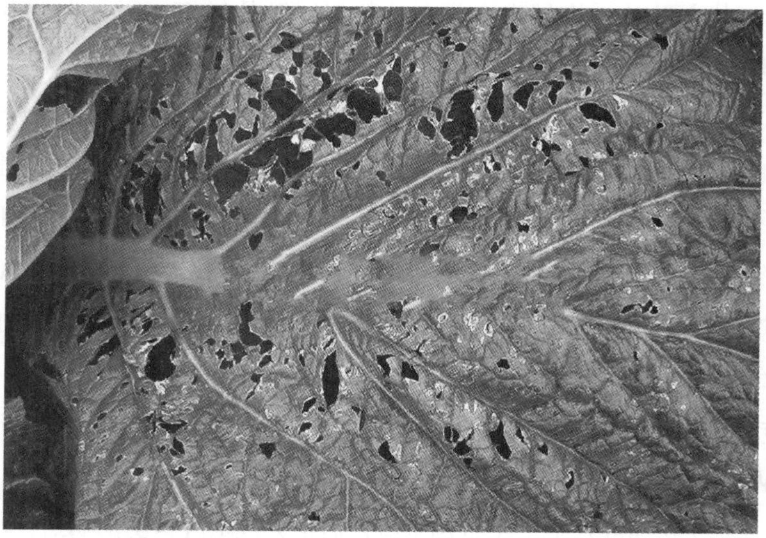

图 6-1　叶斑病危害症状

【防治方法】①加强苗木的栽培管理，合理控制种植密度，改善通风透光条件。②增施磷、钾肥，减少氮肥施用量，提高植株抗病性。③发病初期，用 25% 多菌灵可湿性粉剂 500 倍液，或 25% 咪鲜胺乳油 500 ～ 600 倍液，或 70% 甲基硫菌灵可湿性粉剂 1 000 倍液，或 80% 代森锌可湿性粉剂 500 倍液，或 75% 百菌清可湿性粉剂 600 倍液喷雾防治。一般 10 天左右喷 1 次，连喷 4 ～ 5 次。

2）白粉病　白粉病是彩叶苗木中常见的一种病害，由子囊菌亚门的白粉病菌引起，主要发生在植株叶片，严重时可侵染植株的嫩叶、幼芽、嫩梢和花蕾等部位，常引起落叶，削弱树势，影响观赏价值（图 6-2）。

图 6-2　白粉病危害症状

【危害症状】叶片、嫩梢上布满白色粉层，叶片皱缩不平，向外卷曲，枯死早落，嫩梢向下弯曲或枯死，以 4 ~ 6 月和 9 ~ 10 月发病较重。

【防治方法】①减少病害来源，及时剔除感病植株，彻底清除枯枝、落叶，疏剪更新，加强通风透光，创造不利于病害发生的条件。②加强植物营养，合理施用氮肥，多施磷、钾肥，增强植株抗病能力。③发病初期及发病期可用 15% 三唑酮可湿性粉剂 1 500 倍液，或 50% 多菌灵可湿性粉剂 1 000 倍液，或 70% 甲基硫菌灵可湿性粉剂 1 000 ~ 1 500 倍液喷雾防治，也可交替喷洒石硫合剂 80 ~ 100 倍液。防治白粉病时要注意轮换使用药剂，防止病害产生抗药性。

3）锈病　由担子菌亚门的锈菌引起，主要危害叶片，也少量危害新梢的嫩茎、幼果、叶柄。

【危害症状】初期叶片上产生黄色小斑，后扩大成橙红色圆形病斑，中央有许多黄色小点，分泌蜜露，后出现小黑点。病斑背面，产生灰白色毛状物的锈孢子器（图 6-3）。

图 6-3　锈病危害症状

【防治方法】①加强苗圃管理，因地制宜，选用抗病性强的彩叶苗木品种进行栽植。②结合修剪清除病原，适当剪除重病枝，并将病枝、病芽、病叶集中烧毁或埋入土中。③发病初期，用 15% 三唑酮可湿性粉剂 1 500 倍液，或 70% 甲基硫菌灵可湿性粉剂 1 000 倍液，或 75% 百菌清可湿性粉剂 500 ~ 800 倍液，或 1∶2 ∶160 倍波尔多液等喷雾防治，以保护新梢。发病较重时，可选择用 0.2 ~ 0.5 波美度石硫合剂，或 25% 三唑酮可湿性粉剂 800 倍液，或 25% 灭锈胺可湿性粉剂 200 ~ 400 倍液，或 65% 代森锰锌可湿性粉剂 400 ~ 600 倍液等喷雾防治。症状严重时，用药 10 ~ 15 天后可重喷 1 次，一般连续喷施 3 ~ 4 次即可。

4）*灰霉病* 灰霉病是园林植物中的一类重要病害，由半知菌亚门中的葡萄孢属内的一类真菌引起，在温度较低，湿度较大，通风不良的环境中易发生。

【危害症状】主要发生在花、果和嫩梢上。往往在叶缘或叶尖处出现暗绿色水渍状斑，并不断向叶内扩展，湿度大时出现灰色的霉层，造成褐色腐烂，其上长满灰色霉状物。发病严重时整株死亡。春季低温多雨容易导致此病发生（图 6-4）。

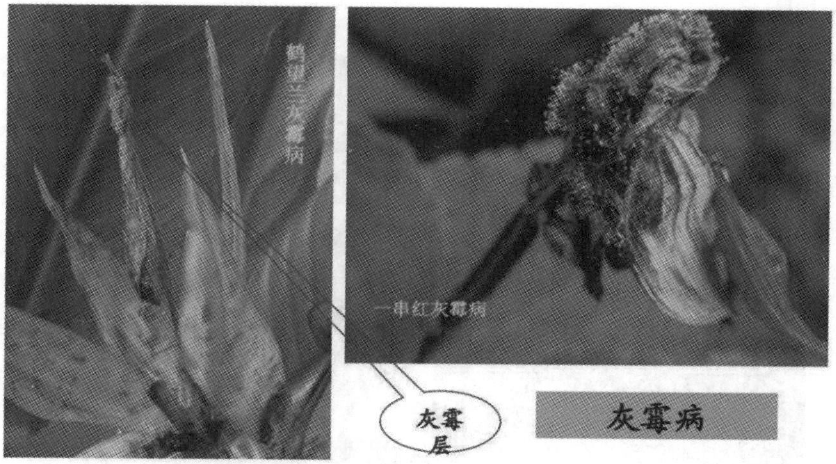

图 6-4 灰霉病危害症状

【防治方法】①加强田间管理，施足基肥，增施磷、钾肥，控制氮肥用量，防止徒长；防止积水，注意植株间的通风透光，雨后及时排水。②及时摘除发病部分，集中进行高温堆沤或深埋，彻底消除病原。③发病前和发病初期，用 1∶200 波尔多液喷洒，每 2 周 1 次；发病后及时剪除病叶，可喷洒以下药剂进行防治：50% 腐霉利可湿性粉剂 1 000 ~ 2 000 倍液，或 50% 多霉灵可湿性粉剂 1 000 倍液，或 50% 多菌灵可湿性粉剂 500 ~ 800 倍液，或 65% 代森锌可湿性粉剂 500 ~ 800 倍液，或 70% 甲基硫菌灵可湿性粉剂 800 ~ 1 000 倍液等。7 ~ 10 天喷 1 次，连续喷 2 次。喷药时宜多种药剂交替使用，避免产生抗药性。

5）*炭疽病* 一般侵染植物叶片和其他幼嫩部分，如嫩枝、嫩茎，有时也可危害果实，主要由半知菌亚门、腔孢纲、黑盘孢目、炭疽菌属中的真菌引起。彩叶苗木感病后降低其观赏价值，导致光合作用和吸收代谢受到制约和影响，严重的可以引起植株死亡。

【危害症状】发病初期在叶片上呈现圆形、椭圆形红褐色小斑点，后期扩展成深褐色圆形病斑，大小1～4毫米，中央则由灰褐色转为灰白色，边缘呈紫褐色或暗绿色，最后病斑转为黑褐色，并产生轮纹状排列的小黑点，即病菌的分生孢子盘。在潮湿条件下病斑上有粉红色的黏孢子团，严重时一个叶片上有十多个至数十个病斑，后期病斑穿孔。病斑发生在茎上时产生圆形或近圆形病斑，呈淡褐色，其上生有轮纹状排列的褐色小点，发生在嫩梢上的病斑为椭圆形的溃疡斑，边缘稍隆起（图6-5）。

图6-5　炭疽病危害症状

【防治方法】①加强栽培管理，合理地控制栽植密度，以利通风、透光；增施磷、钾肥和腐熟的有机肥。②及时剪除发病叶片，减少侵染源，结合清园、剪除工作，彻底清除病株和病叶。③发病前用0.5%～1%波尔多液和65%代森锌可湿性粉剂600～800倍液喷洒，7天喷1次，连续喷2次；发病期间，可用50%多菌灵可湿性粉剂800倍液，或75%甲基硫菌灵可湿性粉剂1 000倍液喷洒，能够有效控制病害蔓延。

6）煤污病　又名煤烟病、叶霉病、油斑病，在我国各地园林植物上普遍发生。

由子囊菌亚门核菌纲小煤炱属的一种真菌引起，另一种原因与介壳虫和蚜虫的侵害有关。多发生于叶、果和小枝。发病后病株叶面布满黑色霉层，不仅影响彩叶苗木的观赏价值，而且影响叶片的光合作用，导致植株生长衰弱，提早落叶，严重时也危害枝干，最终导致植株逐渐枯萎。

【危害症状】病害先是在叶片正面沿主脉产生，后逐渐覆盖整个叶面，严重时叶片表面、枝条甚至叶柄上都会布满黑色煤粉状物，擦去煤状物，只表现出轻微的褪绿，导致植株逐渐枯萎。3 ~ 6 月和 9 ~ 11 月为发病盛期（图 6-6）。

图 6-6　煤污病危害症状

【防治方法】①一旦发现有煤污病现象，应立即剪除病虫枝、叶，增强通风透光。②可用 40% 氧化乐果乳油 1 500 倍液，在介壳虫的孵化期 10 天喷 1 次，连续喷药 3 ~ 4 次；对蚜虫可用 20% 杀灭菊酯乳油 2 000 ~ 3 000 倍液喷洒。③在彩叶苗木休眠季节喷施 3 ~ 5 波美度石硫合剂以杀死越冬病菌，或在发病季节喷施 0.3 波美度石硫合剂，有杀菌治病的效果。

7）*病毒病*　园林植物病毒病种类多，发生普遍，危害严重。发病植株常表现畸形、变色、坏死等症状。开花植株花数少，花朵小，呈现种质退化现象。

【危害症状】常因多种病毒复合侵染而使症状表现复杂。病叶、病果常出现不规则褪绿，浓绿与淡绿相间的斑驳；叶片变黄，严重时植株上部叶片全变黄色，形成上黄下绿，植株矮化并伴有明显的落叶；顶枯、斑驳坏死和条纹状坏死等（图6-7）。

图 6-7　病毒病危害症状

【防治方法】①消灭及减少侵染源，加强病毒病检疫。②采取有效的栽培措施，科学的肥水管理。在进行栽培操作时，工具要经常消毒，尽量避免人为传播病毒。③适时喷洒 70% 吡虫啉可分散粉剂 1 ～ 3 克 / 亩，消灭蚜虫、粉虱等，防止病毒通过害虫传播。再用 5% 菌毒清水剂 500 倍液叶面喷施。

8）溃疡病　大多数由子囊菌和半知菌引起，多发生在枝干的皮层。

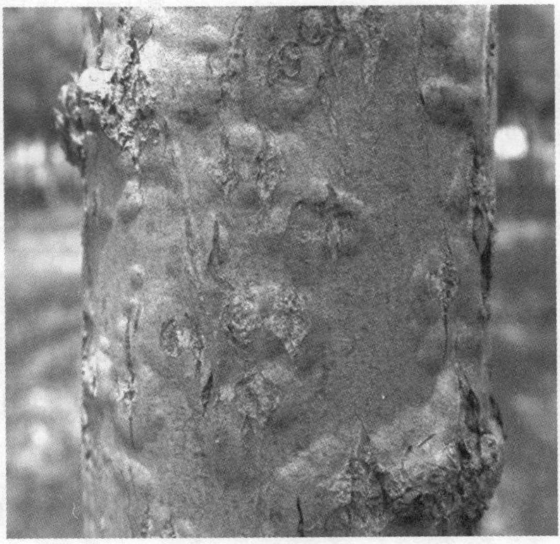

图 6-8　溃疡病危害症状

【危害症状】病部周围稍隆起，后期中央的组织坏死并干裂，病斑上散生许多小黑点或小型盘状物，有腐烂和枝枯两种类型。腐烂型在初期出现淡褐色水肿状病斑，当空气湿度大时，发病组织迅速坏死，皮层变软腐烂，用手挤压有褐色液体渗出，具酒糟味；病害扩大后，病斑以上主干枯死，皮层腐烂，纤维分离。枯枝型较少见，初期病部呈暗灰色，随后迅速扩展，待环绕枝条1周后，即发生枝枯；后期在病部散生许多黑色至灰白色疹状小突起(图6-8)。

【防治方法】①加强栽培管理，合理施肥，增强树势。②注意防冻及伤口的产生，伤口涂波尔多浆保护(波尔多浆配制：硫酸铜0.5千克，生石灰1.5千克，水7.5千克，动物油0.125千克，方法同配制波尔多液)。③发病高峰期前，在主干上喷洒2∶2∶100波尔多液，或40%多菌灵胶悬剂50倍液，或70%甲基硫菌灵可湿性粉剂100倍液。④刮除病部树皮，刮后涂以药剂，亦可在病部用利刀纵横深划多刀，然后涂以渗透性强的药剂，如10%碱水或50%退菌特可湿性粉剂1 000倍液等。

9）*腐烂病* 由真菌或细菌侵染后细胞坏死、组织解体而成。严重时可引起防护林和行道树的大量枯死。

【危害症状】多发生在干部和主枝，按病部的颜色、质地的不同，可分为干腐、湿腐、褐腐，症状与溃疡病类型相似，但病斑范围大，边缘隆起不显著，具有酒糟味，不久病斑下陷失水，干缩。后期病斑不断扩大直至环树一周后，上部即行枯死。5~6月为发病盛期(图6-9)。

图6-9 腐烂病发病症状

【防治方法】①加强树木肥水管理，增强树势，提高抗病能力。②树干涂抹5%蒽油乳剂或涂白防止病菌侵入并有杀菌作用。③枝干受伤后，先用利刀将健全的皮层边缘削成圆弧形，然后用2%～5%硫酸铜溶液、0.1%氯化汞溶液、石硫合剂原液消毒后再涂保护剂，如铅油、紫胶、沥青、熟桐油等。

10）*枯萎病* 枯萎病近年来呈现出日益加重的趋势，发病初期一般只出现多个点片状发病中心，严重时导致彩叶苗木成片枯萎死亡，连作地块危害更为严重。

【危害症状】发病初期，植株下部叶片开始褪绿及萎蔫下垂，中午萎蔫明显，早、晚尚能恢复，几天以后叶片发黄枯萎，不能再恢复正常，直至发展到全株叶片。茎基部出现暗褐色坏死条斑，皮层软腐，易剥落，高湿时病部表面生有少量粉红色霉。剖开干部或主根检查，可见维管束变红褐色，后期整株枯黄死亡（图6-10）。

图 6-10　枯萎病发病症状

【防治方法】①种植耐病、抗病树种。②苗木移栽时，保证断根切面光滑平整，减少伤口侵染。③清除侵染来源，挖除病株且烧毁，进行土壤消毒，有效控制病害的扩展。④发病初期用 50% 多菌灵可湿性粉剂 800 ~ 1 000 倍液，或 50% 苯菌灵可湿性粉剂 500 ~ 1 000 倍液灌注根部土壤。

11）根腐病　由子囊菌、担子菌及半知菌亚门真菌引起的彩叶苗木根系病害，通过土壤传播，侵染危害植株根系。

【危害症状】易在老树和多年连作的园地发生，先危害幼嫩根部，逐渐扩展至侧根、主根及根颈部位。病根的症状初期呈黄褐色斑，然后逐渐变为深紫或黑色，并在病根表层产生一层似棉絮状的菌丝体，后期病根表层完全腐烂，随着根系腐烂部位逐渐扩展导致根系死亡（图 6-11）。

图 6-11　根腐病发病症状

【防治方法】①改善园区环境条件，控制和减少病害的发生和感染。有条件时可进行土壤消毒，尤其在苗圃，用甲醛等药剂处理土壤。②加强栽培管理，注意排水，增施有机肥，增强树势，提高彩叶苗木的抗病能力。③可用 99% 噁霉灵可溶性粉剂 2 000 倍液，或 50% 多菌灵可湿性粉剂 500 ～ 600 倍液加上 50% 福美双可湿性粉剂 500 ～ 800 倍液进行灌根，于早春或夏末，沿主干周围开挖 3 ～ 5 条放射状沟将根部暴露出来，灌药后封土。

（四）常见虫害种类及防治

彩叶苗木在生长过程中常常面临着各种虫害的入侵，一方面大大降低了彩叶苗木的质量，另一方面也影响了它们的观赏价值和审美价值，严重者会带来难以弥补的损失。危害彩叶苗木的害虫主要分为食叶害虫、吸汁害虫、枝干害虫和根部害虫。

1. 食叶害虫

1）卷叶蛾类　园林植物中常见的卷叶蛾类有棉褐带卷叶蛾、苹褐卷叶蛾等，属鳞翅目卷叶蛾科。

【危害症状】以低龄幼虫在树皮裂缝、剪锯口及枯叶等处结茧越冬。幼虫极活泼，有假死和转苞危害习性，老熟后在卷叶内化蛹。幼虫吐丝卷叶危害植物叶肉或缠绕新芽，危害新芽、嫩叶和花蕾，使芽、蕾不能展开（图 6-12）。

图 6-12　卷叶蛾危害症状

【防治方法】①冬季清园，修剪病虫害枝叶，越冬前在树干基部绑草诱杀越冬幼虫。②成虫盛发前，用灯光或糖酒醋毒液诱杀成虫。③幼虫活动盛期用 50% 辛硫磷乳油 1 000 倍，或 Bt 乳剂 500 倍液喷雾防治。

2）刺蛾类　刺蛾类是彩叶苗木重要的食叶害虫，分布广泛，主要有黄刺蛾、褐边绿刺蛾、桑褐刺蛾、扁刺蛾等。

【危害症状】主要以幼虫危害叶片，初龄幼虫啃食叶肉，成长的幼虫蚕食叶片，危害高峰期为 6 ～ 8 月（图 6-13）。

图 6-13　刺蛾类危害症状

【防治方法】①进行冬剪，摘除虫茧，或深翻，消灭虫源。②利用天敌进行防治，如大腿蜂、姬蜂、赤眼蜂、上海青蜂等。③可用杀螟松、溴氰菊酯混合液（50% 杀螟松乳油 0.8 千克加溴氰菊酯乳油 0.2 千克）1 500 倍液，或 90% 的敌百虫晶体 800 倍液喷雾防治。

3）金龟甲类

【危害症状】主要以成虫危害彩叶苗木叶片和幼嫩器官或组织，危害严重时可将树叶全部吃光，抑制植物的生长发育和开花（图 6–14）。

图 6–14　金龟甲危害症状

【防治方法】①金龟甲类活动性较大，加上虫体表面有甲壳保护，因此喷洒药剂防治效果较差。可利用它们的趋光性和趋化性进行人工捕杀，如黑光灯。②成虫出土初期，用 50% 马拉硫磷乳油 1 000 倍液喷雾防治等，喷后浅锄入土，毒杀出土及潜伏成虫，也可喷洒树冠消灭成虫。

图 6–15　蚜虫类危害症状

2. 吸汁害虫

1）蚜虫类　据不完全统计，危害园林植物的蚜虫类害虫有 100 多种，它的分布危害极广，几乎每种园林植物上都有蚜虫危害，有的甚至有好几种。

【危害症状】成虫或若虫群集刺吸植物枝叶，引起植株生长不良。另外，蚜虫还能分泌大量蜜露，玷污叶面，影响植物的光合作用，同时诱发煤污病的发生，使枝叶变黑（图 6–15）。

【防治方法】①结合春剪，剪除有虫卵的枝条。②注意保护和利用天敌，如瓢虫、草蛉等。③利用黄色板或涂有胶液的纸板或塑料板诱杀蚜虫。④用 50% 吡蚜酮可湿性粉剂 3 000 ～ 4 000 倍液，或 50% 辛硫磷乳油 800 ～ 1 000 倍液，或 2.5% 溴氰菊酯乳油 2 500 ～ 3 000 倍液喷雾防治。

2）蚧类　常见的有吹绵蚧、草履蚧、龟蜡蚧等。

【危害症状】以成虫或若虫在寄主上越冬，群集于枝、叶、果及茎干上吸取汁液，并分泌蜜露，导致树体落叶，生长不良，甚至枯死（图 6-16）。

图 6-16　蚧类危害特点

【防治方法】①人工抹杀雌虫和若虫，冬季剪除被害枝叶，集中处理，消灭虫源。②保护和利用天敌防治此类害虫，如澳洲瓢虫、大红瓢虫等。③在若虫孵化高峰期用 80% 敌敌畏乳油 1 000 ～ 1 500 倍液，或 50% 杀螟硫磷乳油 800 ～ 1 000 倍液，或 25% 噻嗪酮可湿性粉剂 1 500 ～ 2 000 倍液喷雾防治。

3）粉虱类

【危害症状】此类害虫喜茂密遮阴的环境，群集于叶片背面以刺吸式口器吸取汁液，使叶片出现失绿斑点，影响光合作用，导致植株生长不良，甚至全株枯死。也可分泌蜜

图 6-17　温室白粉虱

露，诱发煤污病，降低彩叶苗木的观赏价值（图 6-17）。危害高峰期为 9 月下旬至 11 月下旬。

【防治方法】①及时剪除带虫枝叶，集中处理，减少虫源。②利用成虫的趋黄性，用黄板诱杀。③保护和利用自然天敌，如蚜小蜂、瓢虫、草蛉等。④用 4.5% 除虫菊酯乳剂 1 000 倍水溶液再加数滴市售洗涤灵，混匀喷杀，或在低龄若虫期用 20% 扑虱灵可湿性粉剂 1 500 倍液喷雾防治。

3. 枝干害虫

1）天牛类　常见的有星天牛（图 6-18）、褐天牛、云斑天牛等，分布广泛。

图 6-18　天牛类危害枝干

【危害症状】成虫啃食彩叶苗木的嫩叶和嫩枝的表皮，幼虫蛀食植物的茎、枝及嫩梢，形成孔洞，影响树体水分和养分的运输，导致树体生长衰弱，遇大风易折断。

【防治方法】①在晴天中午人工捕杀成虫。②刮除老树皮及树干涂白，去除树皮内幼虫及防止成虫产卵。③在幼虫未钻入木质部前，用小棉团蘸敌敌畏乳油 100 倍液堵塞虫孔，毒杀幼虫。④成虫发生期用 20% 菊杀乳油 2 000 倍液，或 90% 敌百虫晶体 1 500 倍液喷洒树冠。

2）透翅蛾类　危害园林植物的透翅蛾类主要有葡萄透翅蛾和白杨透翅蛾等。

【危害症状】其成虫取食花蜜，幼虫在枝干内蛀食钻洞，导致植物枯干而死（图 6-19）。

图 6-19　杨树透翅蛾

【防治方法】①结合冬剪，剪除被害枝，减少虫源。②在羽化盛期用性诱剂诱杀雄虫。③成虫产卵盛期，喷洒 50% 辛硫磷乳油 1 000 倍液，或 Bt 乳剂 1 000 倍液防治；已蛀入枝干的幼虫，用 80% 敌敌畏乳油 50 倍液，或 20% 吡虫啉可溶性粉剂 200 倍液等用针管注入蛀虫孔内，并用胶泥封堵虫孔，毒杀幼虫。

3）小蠹虫类

【危害症状】成虫营养生长期主要危害枝梢，常将枝梢蛀空，遇风易折；繁殖期危害枝、干，造成植株死亡（图 6-20）。

图 6-20　小蠹虫类危害特征

【防治方法】①保护和利用天敌，小蠹虫类的天敌很多，包括线虫、螨类、寄生蜂、捕食性昆虫及鸟类等。②人工设置诱饵诱杀成虫。③可用 2.5% 溴氰菊酯乳油 500~3 000 倍液，或 20% 杀灭菊酯乳油 1 500 ～ 2 000 倍液喷洒诱杀成虫。

4. 根部害虫

1）地老虎类　地老虎是地下害虫的重要类群，危害我国园林植物的有大地老虎、小地老虎和黄地老虎等。

【危害症状】低龄幼虫活动极频繁，取食子叶、嫩叶和嫩茎。成虫昼伏夜出，喜趋食甜酸味液体，发酵物、花蜜及蚜虫排泄物等作为补充营养，对黑光灯趋性强，常咬断近地面的嫩茎，造成植株死亡（图 6-21）。

幼虫　　　　成虫

图 6-21　地老虎

【防治方法】①诱杀成虫，用黑光灯或糖醋酒液在危害盛期诱杀，或用泡桐树叶诱集。②灭草除虫，减少着卵量。③将 5% 辛硫磷颗粒剂 2 千克 / 亩，或 25% 辛硫磷微胶囊剂 1 千克 / 亩加上细土 15 千克，拌匀后按穴施于幼苗周围处理土壤。④ 3 龄前幼虫危害幼苗地上部分时，用 2.5% 敌百虫粉剂 3 千克 / 亩，或 90% 敌百虫晶体 1 000 倍液，或 50% 敌敌畏乳油 1 000 倍液进行喷雾防治。

2）蝼蛄类　蝼蛄类是彩叶苗木中重要的地下害虫，常见的有东方蝼蛄和华北蝼蛄。

【危害症状】常以成虫或若虫在土中取食苗圃刚播下的种子、种芽和种根，或咬断幼苗根茎，被害部位呈麻丝状。此外，蝼蛄在近地面活动开挖的隧道，常使苗木的根系与土壤分离，使之失水干枯（图 6-22）。

图 6-22　蝼蛄

【防治方法】①施用有机肥时要充分腐熟，减少蝼蛄产卵机会。②在高温季节或雨前夜晚利用灯光诱杀成虫，或用马粪趋性诱杀。③在受害植株根际或苗床浇灌 50% 辛硫磷乳油 1 000 倍液毒杀成虫和幼虫。

3）蟋蟀类

【危害症状】以大蟋蟀分布较广，危害严重，成虫和若虫均可危害彩叶苗木幼苗，是重要的苗圃害虫（图 6-23）。1 年发生 1 代，为穴居昆虫，昼伏夜出，常将园林苗木嫩茎咬断，造成缺苗、断苗、断梢等现象。6 ~ 7 月为危害高峰期。

图 6-23　蟋蟀类

【防治方法】①毒饵诱杀：用敌百虫、辛硫磷等拌炒过的米糠、麦麸或捣碎的花生壳施于洞口附近，在播种前或苗木出土前直接放在苗圃的株行间诱杀成虫和若虫。②坑诱捕杀：在苗圃地挖坑，坑内放入加上毒饵的新鲜畜粪，诱集成虫和若虫前来取食，集中捕杀。③在洞穴内灌入 80% 敌敌畏乳油 1 000 倍液，或 1% 灭虫灵乳油 2 000 ～ 3 000 倍液进行捕杀。

七、优质园林彩叶苗木的应用

（一）应用方式

彩叶苗木的应用方式千变万化，根据不同地区、不同场合及不同要求，可以有多种多样的组合与种植方式。彩叶苗木配置景观效果有自然式、规则式、混合式。①自然式主要体现自然界植物群落之美，以不规则的株行距配置成各种形式，主要有孤植、丛植、群植和密林等。在中国古典园林及较大的公园、风景区常用自然式的配置方式。②规则式一般为中轴对称的格局应用，苗木以等距列植、对植为主。在主干道两侧、建筑物入口常用到这种配置方式。③混合式主要为规则式、自然式交错混合，配置中反映传统的艺术手法与现代形式相结合。

彩叶苗木在园林绿化中的主要栽植方式有孤植、对植、丛植、列植、绿篱、群植等，配置时可采用不同栽植方式的单独应用或组合应用。

1. 孤植　彩叶苗木颜色鲜艳、醒目，可以作为中心景观处理，能达到引导视线的作用，如株型高大丰满的紫叶合欢、金叶刺槐，株型紧密的紫叶红栌等都可以孤植于坡地、草坪中或者水边，独立成景（图 7-1）。也可选择 2 株或者 3 株相同的彩叶树种共同组成一个单元，在较大的空间内加强视觉效果。

图 7-1　紫叶红栌孤植

2. 对植　对植即对称式栽植，一边一株，多在道路两侧应用，与列植同为规则式种植方式。在选择对植的彩叶苗木时，要确保这种彩叶苗木能够起到分隔空间、遮阴、减噪、组织交通、滞留灰尘以及吸收有害气体的作用。比较宽阔道路应该选择健壮、树干比较直、树冠高大、分枝点高、无污染并且枝叶茂密的彩叶苗木，如挪威槭、炫红杨、金叶国槐等；比较狭窄的道路，可以选择比较低矮、冠幅比较小，分枝较低的灌木或者小乔木，如紫叶红栌、紫叶稠李等。

3. 丛植　丛植是指园林中 3 ～ 9 株单一树种或多树种不等距离的组合种植。三五成丛点缀于园林绿地中的彩叶苗木，既丰富了景观色彩，又活跃了园林气氛。选择树姿和体量上相近但有差别的树种为一组丛植，既可以作为主景，也能够起到诱导、强调或屏障其他景物的作用，如将紫色或黄色系列的彩叶苗木丛植于浅色系的建筑物前，或者以绿色的针叶树种为背景，将花叶系列、金叶系列的树种与绿色树种丛植，均能起到锦上添花的作用。

4. 列植　列植即行列栽植，是指苗木按一定的行距成排成行地种植。行列栽植形成的景观比较整齐、气势宏伟，宜选用树冠整齐，冠幅较大，树姿优美，生长迅速，耐修剪，落叶整齐，无恶臭或其他凋落物污染环境的植物，如银杏、金叶水杉、金叶复叶槭、黄金楝等。这些彩叶苗木的列植，契合“由绿化到彩化”的苗木发展新趋势，将城市和乡村逐步由“绿色长廊”变为“多彩长廊”。

5. 绿篱　乔木或灌木密植成行而形成的篱垣叫绿篱。公路、街道外侧用较高的绿篱分隔，可阻挡车辆产生的噪声污染，创造相对安静的空间环境。红花檵木、金叶黄杨、金叶女贞、紫叶小檗等株丛紧密且耐修剪的灌木类彩叶苗木都是较好的绿篱材料。

6. 群植 由 20 ~ 30 株以上至数百株的乔灌木成群配置，称为群植。彩叶苗木多以群体效果取胜，成群成片地种植，构成风景林，其独特的叶色和姿态一年四季都很美丽，其美化效果远远好于单纯绿色的风景林，如北京植物园彩叶苗木群植形成的震撼景象（图 7-2）。群植可选择金叶皂角、金叶国槐、黄金楝、炫红杨、紫叶红栌等。

图 7-2 北京植物园

（二）应用范围

1. 园林观赏 彩叶苗木是园林景观的重要组成部分，随着人们审美意识的提高，彩叶苗木在公园、植物园、疗养院、城市广场等空间应用越来越广泛。尤其是红叶的挪威槭、黄栌、红叶杨系列等；黄叶的黄金楝、金叶复叶槭、金叶水杉、金叶莸等；紫叶的紫叶加拿大紫荆、紫叶桃、紫叶李等。这些彩叶苗木的使用不仅可以增加园林景观的美感，丰富园林的空间层次，达到很好的观赏效果，还可以调节小气候，改善生态环境，帮助人们放松身心，缓解疾病带来的痛苦。

在园林观赏中，彩叶苗木的应用方式主要包括孤植、对植、丛植、列植、绿篱和群植。其中，色彩艳丽的彩叶苗木可以作为中心景观进行孤植，起到引导视线的作用（图 7-3）；而在城市广场的入口、公园的桥头等重要地段可以运用彩叶苗木的对植起强调作用，选择两株同样大小和种类的彩叶树种在轴线两侧一边一株等距离栽植；在疗养院和公园中，可以选择树姿和体量上相近但有差别的彩叶苗木为一组丛植，起到强调或屏障其他景物的作用；在较大的园林空间中，彩叶苗木也可群植或者片植，构成风景林，形成美丽的色块景观。

图 7-3　乌桕树孤植

1）公园

（1）密林　彩叶苗木组成的密林区为人们提供了良好的遮阴以及集体活动的环境，创造森林模拟景观，包括森林小屋、森林浴、森林游憩等内容。彩叶苗木色彩艳丽，成片种植，形成色彩丰富的景观带，可用于拍照摄影，休闲游憩。在炎热的夏季，在彩叶苗木的密林中，拉起吊床，筑起小屋，展开彩色的帐篷，在阴凉的林下，微风习习，充分感受公园密林之美，是人们集体游憩的好去处。树种可以选择挪威槭“皇家红”，叶片春、夏、秋三季为紫红色，成片种植，形成美丽的红叶景观，抑或选择黄金楝，枝条成伞状分布，叶片颜色金黄，美不胜收（图 7-4）。

图 7-4　黄金楝密林

（2）花坛、花境　彩叶苗木（灌木）可以栽植于公园的花坛和花地中，彩色可以激起人们的色感，搭配花卉植物形成花境。彩叶苗木以其自身的色彩极大丰富了园林景色，要比单一的绿色植物更具观赏性。树种可以选择红叶石楠、南天竹、金叶（银边、金边、金心）大叶黄杨、金叶莸等。

2）植物园

（1）科普展览区　植物园的展览区可以展示彩叶苗木的进化系统、生态习性与类型等，供人们参观、游赏、学习。植物展览室内外相结合，宣传彩叶植物进化的知识，结合观赏植物的专类园——彩叶苗木园，运用色彩与美学原则，结合传统园林艺术手法形成以专类花木为主景，廊亭点景，不同意境、不同季相变化的特色园林。也可以根据季相和植物色相进行展览（图7-5）。①春色叶植物：黄连木的春叶呈紫红色，臭椿、五角枫的春叶呈红色。②秋色叶植物：枫香、鸡爪槭、五角枫、茶条槭等呈红色或紫红色；榆、银杏、白蜡、鹅掌楸等呈黄或黄褐色。③常色叶植物：紫叶李、紫叶桃等全年树冠呈紫色；金叶鸡爪槭、金叶雪松、金叶女贞等全年叶均为金黄色；金心黄杨、银边黄杨、变叶木等全年叶具有斑驳的色彩等。

图7-5　彩叶苗木展览区

（2）树木园　主要以栽植露地可以成活的彩叶苗木，对适应当地的气候、土壤、水分等生活条件更有利，是植物园中重要的引种驯化基地。在考虑生态条件的基础上，将彩叶苗木组成人工群落，同科的尽量集中种植，以便分类和比较。同时，要考虑彩叶树种景观的营造，结合密林、疏林草地或者树群、树丛、孤植等栽培形式，结合形态、色彩等观赏特征进行设计栽植（图 7-6）。

图 7-6　靓红杨树木园

（3）科研区　科研区一般由实验地、引种驯化地、苗圃地、示范地、检疫地组成，是对彩叶苗木的驯化、培育、示范、推广的重要场所，包括原始材料圃、移植圃、繁殖圃、示范圃、检疫圃等科研和生产场地，如黄金楝示范基地（图 7-7）。

图 7-7　黄金楝示范基地

3）疗养院　彩叶苗木对保持与创造疗养区良好的小气候作用很大：彩叶苗木能调节气温；同时能够调节空气相对湿度；能防风，减低风速，因而种植彩叶苗木能够营造小气候，使人感觉舒适，有益于健康。彩叶苗木的色彩不仅能够营造优美的环境，而且也能为疗养人员提供广阔的休闲娱乐的场地。彩叶苗木可以对人的心理、精神状态和情绪起到良好的调节作用，如树叶的色彩、芳香、阴影，与昆虫、动物共同营造的小型生态系统，对病人视觉、触觉、嗅觉、听觉、味觉五感的影响，使人的中枢神经处于轻松的状态，对病人病情的恢复具有积极的作用（图 7-8）。

图 7-8　康复花园

4）城市广场　城市广场平时多为城市交通服务，需要的时候可以进行集会游行，在广场的观礼台周围，可以种植低矮的彩叶苗木，如红叶樱花，既可观花，又能观叶；紫叶加拿大紫荆，叶色春、夏紫红，性状持久、亮丽，搭配欧洲红枫、紫叶酢浆草等，为广场植物添绿加彩。在广场的周围道路两侧可以布置彩叶苗木作为行道树，如黄金楝、炫红杨、美国红枫、金叶复叶槭等，不仅具有彩化、美化环境的作用，还可以改善广场小气候，有助于消除人们由于工作、生活带来的压力、紧张和疲乏。

2. 乡村美化　彩叶苗木在乡村美化中起到了重要作用，小到庭院绿化，大到休闲农业园区的绿化。庭院绿化相对于公园、风景区等绿地来说面积较小，必须精心规划设计，才能取得理想的景观效果。休闲农业园区相对面积较大，规划设计中植物的应用方式多种多样，如红叶李、红叶樱花、紫叶稠李、紫叶矮樱等搭配种植，简洁的小型建筑掩映在一片红色的树丛中，体现出一种古典美。也可将红叶石楠绿篱做成迷宫，以增加园林的趣味性，也可做成屏障引导视线聚焦于景观，作为雕像、喷泉、小型园林设施的背景。

1）庭院绿化　庭院绿化指的是以居民的庭院为造林绿化主体，将居民的庭院打造成为一个怡人宜居的小环境，通过小环境的绿化美化带动整体居民区的绿化美化。庭院的绿化，因为空间有限，应以精品为主，保证种植一株成活一株。同时，庭院绿化要在庭院地面硬化以前就要规划好，留够树木栽植的地方。树种的选择上可以多样化，但庭院的前面以灌木为主，一般用一两株彩叶苗木进行点缀，不宜采用高大的乔木，会影响室内采光。

在庭院绿化中常用到彩叶苗木的应用方式为：孤植、对植、绿篱等。休闲农业园区中常用到彩叶苗木的应用方式为：孤植、对植、列植、群植、绿篱等。在庭院绿化中孤植的彩叶苗木，能充分发挥单株苗木的动势、线条、形体、色、香、姿的特点，能增加画面层次感，在庭院周边种植彩叶苗木，不仅美化环境，还能增加庭院的安全性、私密性。

在庭院绿化中可以用彩叶植物进行乔灌草的搭配，高大乔木，如银杏、黄金楝，小乔木如红栌、紫叶加拿大紫荆、红叶樱花，搭配灌木，如金叶连翘、金叶锦带，同时也可在靠近门的地方，砌一个花槽，种植一些草本类型的彩叶花卉，如花叶玉簪、金丝苔草、金边麦冬等，使草本、木本植物竞相辉映。在种植时应以绿色造景为主，偶尔点缀一些鹅卵石，十分古朴雅静。还可挖一小池，养几尾金鱼，循环小泵水声潺潺，美不胜收（图 7-9）。

图 7-9　庭院绿化

2）休闲农业园区　休闲农业园在进行植物景观设计时，在树种选择方面有以下要求：①应选用乡土树种展现地域特色。②能够营造丰富季相变化的乔木、灌木、地被和藤本植物。③多使用适宜地域内昆虫、飞禽等动物生产和繁衍的树种，充分保护生态环境。④要注重速生树种与缓生树的搭配种植，特别是在新建的休闲农业园区，通过发展速生树种才能尽快形成森林环境，见效快；而缓生树生长慢，见效慢，两者相互结合，就能互相衔接不留空间，景观效果永续不断，如金叶复叶槭种植后可快速形成景观。⑤应多选择彩叶树种，能观花、观叶、观果、观根、观茎，以便创造优美、长效的风景。⑥不同街道选择不同树种，最好是一条街一个当家树种，构成独特的风景，不仅体现大自然的季节变化，还美化了园区道路，突出道路个性，起到交通向导作用，如银杏大道、红叶樱花路等。

在休闲农业园中部分景观节点可孤植彩叶苗木。彩叶苗木颜色鲜艳和醒目，尤其是树体高大、树姿优美和叶色亮丽的乔木或灌木类，种植在休息座椅的中央，不仅表现个体美，还可以引导视线，成为视觉焦点，发挥中心景观的作用（图 7-10）如金叶复叶槭。同时也要考虑孤植树与周边环境的对比及烘托关系。在相对紧凑的场地中可以丛植彩叶植物，不仅可作主景或配景，还可作背景或隔离措施，既美化环境，又增添色彩，活跃园林气氛。在休闲农业园区，如建筑物一侧用高大的绿篱分隔绿化和公共空间，以姿态整齐的乔木装饰立面效果，与高大的建筑形成呼应，这种绿化形式简洁而美丽，植物可以用到金叶榆、黄金楝等。

图 7-10　彩叶苗木金叶复叶槭与园林设施搭配

3. 造林　彩叶苗木在造林中的应用，主要为河道绿化、山体绿化、苗圃等。随着国家经济的发展，人们生活质量的提高，河道、山体的绿化越来越受到重视，以往的河道、山体绿化主要是种植常绿树种、建设公共配套设施，现在的绿化更加注重生态保护、植物搭配的别出心裁、突出美感。彩叶苗木在现代的造林绿化中发挥了巨大的作用，通过单色表现、多色配合、对比色处理等不同的搭配方式，创造出五彩缤纷且具有视觉冲击力的植物景观。

河道绿化中常用到的应用方式为：孤植、对植、列植、绿篱等。在山体和苗圃中常用的应用方式为：孤植、对植、列植、群植、绿篱等。

1）河道　河道绿化的主要作用是保持水土，降低洪涝灾害。河道种植大量树木，植物的根须可以起到保持水土的作用，能有效减少水土流失带来的危害，从而降低洪涝灾害。植物的呼吸作用可以有效减少空气中二氧化碳的含量。河道绿化地不仅可以有效保障河道两岸的空气质量，还可以缓解热岛效应，减少噪声污染，改善环境，还可以给人们提供良好的居住环境。植物可以有效改善水质，提高人们的生活质量。

不同地区河道水土条件不尽相同，因此植物选择时充分考虑河道地区的水土情况，选取适合当地水土的植物。在条件允许的情况下，最好是在当地选取绿化植物，不仅能够保障植物的存活率，还便于管理。种植方式一般选择列植，河道两侧一般要单独种植一排植物，植物的种植点离河岸至少要有1米的距离，这样不仅美观大方，还有利于保障河道交通安全。如河道两岸留土距离较大，可以采取不同植物交叉种植的方法，如河岸距离较大，可以种植两排植物，可以将常绿植物与落叶植物交替种植，保证河道一年四季都有植物景观可赏。另外，河道绿化还需要与河道两岸的城市环境相协调，以具有观赏性的乔木或者是灌木花卉为最佳选择，特别是彩叶苗木，不仅色彩丰富且观赏期较长，适合应用到河道绿化。苗木的天然色彩是非常丰富的，有的苗木颜色随着季节的变化而变化；有的苗木可以散发出清香；有的苗木可以给人带来清新向上的感觉；有些苗木在秋天的时候树叶变得金黄，如银杏树；有些苗木常年表现彩叶，如红叶杨系列树种，整个生长季都表现出红色。将这些苗木种植在两侧便道上，不仅遮阴滞尘和降低噪声，还可形成两道亮丽的风景线。河道边也可种植带状彩叶灌木，形成统一的节奏感（图7-11）。

图7-11　河道绿化

2）山体　在山体绿化中，水肥是影响树木成活生长的关键，在山的中下部水肥条件较好的地方，可以适当发展彩叶苗木的种植；在山的上半部或较干旱、贫瘠的土壤中，可以种植相对耐贫瘠的苗木，实现山体绿化，带动经济的发展；在山上风大的地方，可以建造防护林带，不仅可以防风固沙，还可涵养水源，起到了绿化、经济、生态发展三协调。

在山体绿化中要结合先进的科学技术，大力引进先进的技术成果和新品种，推广容器苗造林技术和山体造林综合技术，提高苗木成活率，提高造林质量，巩固绿化成果。在山体的绿化中，大面积苗木种植时，适当选用彩叶苗木与周围景观形成强烈对比，以取得"万绿丛中一点红"的效果（图 7-12）。遵循园林景观的色彩调和美学色彩，既满足植物与环境在生态适应性上的统一，又合理配置，体现彩叶苗木个体及群体的形式美及由此产生的意境美。彩叶苗木在园林植物中色彩搭配的特殊效果，一般以对比色、邻补色和协调色的形式加以表现，如北京秋天的香山，元宝枫、红栌与栎属等苗木的红色叶在深绿色、灰绿色叶的圆柏和油松等针叶树的衬托下，更加明艳而富有感染力。

图 7-12　山体绿化

3）苗圃　在大面积种植的苗圃中，彩叶植物最能体现出色彩美。色彩美的一种表现形式就是色块效果。色块是指颜色的面积或体量。体量可以直接影响绿地中的对比与协调。布置近景时，要色块大小适中，布置远景时，色块要大，因为"量大即是美"。在大面积的苗圃地种植时，可根据彩叶苗木的季相变化进行配置，不同的季节表现出不同的季相变化（图 7-13）。在苗圃中群植单一彩叶苗木，疏密有致的大乔木构成绿化的主体，林下种植缀花草坪，使得该树群安静而美丽，不仅可以抬头欣赏密林景观，还可以感受到缀花草坪带来的乐趣。

图 7–13　彩叶苗木基地

4. 道路绿化带　道路的绿化和美化影响着城市和乡村的面貌，城乡公路和高速公路的绿化正逐渐由从“绿化”到“彩化”，由单一树种到植物多样性的发展模式转变。彩叶苗木在林荫道绿化、公路绿化、铁路绿化、高速干道绿化方面的应用价值越来越显著。尤其是红叶的红叶樱花、红叶石楠、红叶杨系列等；黄叶的银杏、金叶复叶槭、金叶黄杨、金叶莸等；紫叶的紫叶合欢、紫叶李、紫叶红栌、紫叶小檗等。这些彩叶苗木的运用，既展示了优良的城市和乡村风貌，形成了靓丽的“彩色长廊”，在视野上赏心悦目，同时又对隔绝噪声、滞留灰尘和吸收有害气体等方面起到了重要的作用。

彩叶苗木在道路绿化上的应用方式主要包括列植、对植、混植、片植和丛植。在道路绿化的设计中，要注意彩叶苗木的运用与周围人造景观相协调，体现绿带韵律节奏、秩序井然之美。而绿化种植景观应形成乔、灌、草，高、中、低，层次性、多样性的特点。例如：对于乔木层采用同一树种的大规格彩叶苗木作为上层乔木、小规格彩叶苗木作为下层乔木进行异龄混交，或者乔木层采用两种或以上不同彩叶苗木进行种间混交；乔木层以下搭配栽植彩叶灌木层。彩叶灌木可选择一种或多种进行混交；对有需要的区域，可适当栽植地被。也可片植与丛植相结合，绿化和彩化相结合使植物景观活泼，打破传统的城市道路等距种植的呆板性和色彩单调性。每隔 30 ~ 50 米保留透景线，降低绿带的封闭度，并使建筑街景艺术得到体现，营造宜人的通行空间。

1）林荫道　林荫道是指与道路平行并具有一定宽度的带状绿地，也可称为带状的街头休息绿地。林荫道利用植物与车行道隔开，车行道与林荫道绿带之间，要有浓密的绿篱和高大的乔木组成屏障相隔，一般立面上布置成外高内低的形式（图7-14）。在植物的选择上可以将炫红杨、红叶樱花错开种植，形成层次上外高内低，色彩上由深红到浅红的景观效果。

图7-14　挪威槭林荫道

2）公路绿化　城市郊区的道路联系着城镇、乡、村以及通向风景区的交通网。公路距居民区较远，常常穿过农田、山林，绿化时可以选择速生的彩叶苗木，如金叶复叶槭、粉叶复叶槭作为行道树，其树干通直，树势挺拔，色彩靓丽，或与常绿树种搭配种植，黄绿相映，情景非凡。也可选择黄金楝，其干形通直，树冠圆形，叶色生长季嫩叶为绿黄色、成熟叶浅黄绿色。全年生长期从上向下分别为绿黄色—浅黄绿色—黄绿色—浅绿黄色，色彩靓丽，观赏效果好。

3）铁路绿化　铁路两侧不宜种植高大的乔木，多选择矮小的灌木，可以选择金叶莸、紫叶小檗等灌木。金叶莸从展叶初期到落叶，叶片始终是金黄色，既可观叶又可观花，春、夏、秋季叶色金黄，夏、秋季盛花期一片蓝色，也可以修剪成球状，是一种极具观赏价值的灌木。同时金叶莸被誉为“节水耐旱园林观赏型植物”，在未来建设节水型城市园林绿化中将发挥重要作用。

铁路通过市区或居住区时，在可能条件下应留出较宽的地带种植乔灌木防护带，以在50米以上为宜，以减少噪声对居民的干扰。在树种选择上可以选择炫红杨、中红杨、金红杨等。其中炫红杨是中红杨的芽变品种，具有典型的美洲黑杨形态特征，雄性无飞絮，干形通直。全年生长期从上向下分别呈现鲜红色—橙红色—黄绿色，色彩靓丽，观赏效果好。

4）高速干道的绿化　高速干道的视线诱导种植是通过绿地种植来预示或预告线形的变化，以引导驾驶人员安全操作，提高快速交通下的安全。在种植时可以选择紫色类或者红色类的彩叶苗木与绿色类植物搭配种植。例如选择红叶石楠，红叶石楠生长速度快，且萌芽性强，耐修剪，色彩靓丽，在高速绿化带中可以起到诱导和提示作用。

为了防止穿越市区的噪声和废气等污染，在干道两侧要留出 20 ~ 30 米的安全防护地带，树种的选择上可以选择靓红杨、炫红杨、全红杨等，其中靓红杨的一年生苗干有棱角，深紫红色，展叶期幼叶紫红色，苗期叶片叶面颜色随着枝条的生长，全年生长期内，从上向下分别呈紫红色、浅紫红色、绛紫红色，在道路两侧既起防护作用，也不妨碍行车视线。

（三）典型案例

1. 园林观赏类案例

1）北京香山公园　北京香山公园是位于北京西郊的 4A 级国家森林公园，以深厚的历史文化和红叶、古树景观驰名中外，每年吸引大量的中外游客前来观光游憩。园区中彩叶苗木资源丰富，主要包括黄栌、大叶黄杨、紫叶小檗、连翘等。

在种植搭配模式上，主要由黄栌与地被植物紫花地丁、高羊茅、诸葛菜、早熟禾等的种植搭配，形成红叶与紫花交相呼应的园林景观；黄栌与混交林侧柏、油松、山杏等的种植搭配，考虑到园区要实现四季常绿，夏秋观叶、观果的营造效果；黄栌与榆叶梅、连翘、沙地柏等的种植搭配，色彩上更加艳丽和丰富，加上草花点缀和观赏草坪的映衬形成层次丰富的竖向空间，是人们休闲和停留的主要活动区域。

同时，香山的彩叶苗木对园区的降温降噪，调节小气候，增加园区的舒适度有着显著的作用，每年秋季独特的红叶景观提高了园区的美感、情感感知和游客的重游意愿（图 7–15）。

图 7-15　北京香山公园

2）上海植物园（槭树园）　上海植物园槭树园占地 5 万平方米。园内以槭树科植物为主，共有 160 多种植物。其中园东部、南部为占地 1 万平方米的红枫区，种植红枫、羽毛枫、樟叶槭、中华槭、罗浮槭，并配植黄栌、火炬树、乌桕等色叶树，深秋层林尽染，令人赏心悦目。

在种植搭配模式上，槭树与八角金盘、冬青搭配种植形成强烈的红绿反差；而与红花檵木搭配种植形成红叶红花交相呼应，既解决了秋季植物色彩单一的问题，也形成更美的生态园林景观（图 7-16）。

图 7-16　上海植物园槭树园

2. 休闲农业园区案例——河南省农业科学院河南现代农业示范基地奶牛场养殖基地休闲农业园　河南省农业科学院河南现代农业示范基地内，180 亩的奶牛场养殖基地通过以彩叶苗木为主的植物打造休闲农业园区。整个园区分成两部分，南部前庭为景观区，着重观赏休闲、示范展示为主；北部后院以生产为主，设置有奶牛养殖区和苗木种植区。该园区以奶牛的养殖及生产、休闲观光、农事体验、生态科普教育、摄影活动体验等为一体的休闲观光园，集合了农事体验、亲近动物、接触自然、生态生活、绿色健康等主题。园区建设成生态环境系统循环良好、景观优美、生态和谐的休闲农业园区。植物方面选择以彩叶植物（金叶复叶槭、粉叶复叶槭、红叶杨系列、黄金楝）为主，附加上果树种类（猕猴桃、葡萄）、花卉种类（紫叶小檗、芍药、金边麦冬）植物。

景观方面，入口区域，两旁种植高大的行道树金叶复叶槭，形成大气庄严的氛围；入口拐角处设置了简洁的硬质铺装广场，放置展示牌，后边围绕种植些红叶石楠球、金叶连翘、彩叶花卉，形成花境。乔灌草合理搭配，像金叶复叶槭既是主景，在功能上可以分离空间，树冠高大，占天不占地，增加空间层次和屏障视线。同时搭配的红叶石楠球、金叶连翘这些树冠相对矮小，枝叶浓密丰满的灌木及具有鲜艳美丽的花朵的花境植物相得益彰。前庭以种植的金叶复叶槭主路为轴线分成南北两个区域，为了增加观赏及游玩性，在南北两个区域都设置了游步道。用汀步以流畅性的曲线带领游人进行观赏，两旁种植牡丹、芍药、月季、红叶石楠、紫叶小檗使游人近距离的接触花草。围墙两边种植攀缘月季，鲜艳的花朵在槭树类植物的映衬下，锦上添花，获得较好的景观效果，同时通过不同彩叶植物季节物候变化而产生“色、形、姿”的变化，将不同花期、色相和形态的植物协调搭配，延长观赏期，像红叶樱花，可以先观红色的叶子，然后观花。后院以生产为主，养殖有奶牛 600 头，苗木基地 40 亩。行道树以黄金楝为主，打造金黄色的大道，旁边配置红叶樱花，高低错落有致，形成别样观赏景观（图 7-17）。

图 7-17　休闲农业园区

3. 彩叶苗木山体绿化的案例——南京市玄武区钟山风景名胜区美龄宫周边绿化 美龄宫位于南京市玄武区钟山风景名胜区内四方城以东的小红山上，正式名称为“国民政府主席官邸”，有“远东第一别墅”的美誉，因宋美龄经常在这里做礼拜，与蒋介石在此下榻休息，便称之为“美龄宫”，沿用至今。美龄宫主体建筑是一座三层重檐山式宫殿式建筑，顶覆绿色琉璃瓦，在其房檐的琉璃瓦上雕着1 000多只凤凰。整座建筑富丽堂皇，内部装饰奢侈豪华，装饰以旋子彩绘，特别是蓝底云雀琼花图案出自工笔画家陈之佛之手，独一无二。

官邸四周林木茂盛，终年葱郁。美龄宫的环山车道两侧栽种着大量挺拔的悬铃木，秋季树叶集体泛黄时，犹如一颗绿色的“海洋之心”项链，镶嵌崇山峻岭之中。从航拍图上看，美龄宫北侧的陵园路两侧种满了悬铃木，犹如项链的链子。从陵园路伸向美龄宫的两排悬铃木，则好似中间垂下来的吊坠，中间是美龄宫主楼，绿色的琉璃瓦恰似项链吊坠上的绿宝石。其实，随着季节的变化，这条“项链”也在变化。春天和夏天，陵园路和美龄宫景区内两侧的悬铃木是绿色的，项链也是绿色的。秋天时，悬铃木的叶子变黄了，又变成了一条金色项链（图7-18）。

图7-18 美龄宫秋景图

4. 苗圃案例——河南名品彩叶苗木有限公司 河南名品彩叶苗木有限公司是一家集生产、经营、科研、园林绿化为一体的股份制公司，在彩叶苗木引种、生产、销售领域是规模较大、效益显著、影响力广泛的企业，他们的成功为我们描绘了彩叶苗木发展的美好前景，他们的经营理念也为我们发展彩叶苗木提供了经验。

名品彩叶苗木培育基地位于河南省驻马店市，交通便利，气候温和，四季分明，温热充足，雨量适中，是发展彩叶苗木的理想区域，彩叶苗木种植面积达 1 万多亩（图 7-19），目前是我国种植面积最大、品种最全、质量最优的彩叶苗木种植示范基地。基地坚持以科技为导向，不断引进和培育彩叶植物新品种，经过引种驯化及自主研发，目前已培育出彩叶苗木品种 100 多个，其中多个品种拥有植物新品种权证书和河南省林木良种证书，包括金叶复叶槭、朱羽合欢、蓝冰柏、金蝴蝶构树、金叶刺槐等。公司经过十余年的发展创立了名品彩叶品牌，拥有花木自主进出口权，除供应国内市场外，还远销韩国、比利时、日本、荷兰等十几个国家。

图 7-19　彩叶苗木培育基地

5. 公路绿化类案例——美国蓝岭大道　美国蓝岭大道，始建于 1935 年，可以称得上是美国最美的公路之一。蓝岭大道北起位于弗吉尼亚州的雪兰多国家公园，南抵位于田纳西和北卡罗纳州的大雾山国家公园，全长 755 千米，几乎一直沿着蓝岭山脉蜿蜒向前，将美国南部两大最为壮丽的国家公园连在了一起。

9~10 月，蓝岭大道的秋叶景观辉煌壮丽，彩色的树叶肆无忌惮地生长，铺天盖地。主要树木包括低海拔的橡树、山核桃和美国鹅掌楸，中部的七叶树和桦树，以及高海拔的针叶树，如云杉。而在冬季，吹拂的云层沉积，形成奇特的冰霜挂景观。开车在南岭大道，最讲究的是一个“慢”字，而风景中的你也需要慢节奏和慢心情，细细品味和感受蓝岭山脉的鬼斧神工之美（图 7-20）。

图 7-20　美国蓝岭大道